Los planetas

PENÍNSULA

Los planetas

Del cosmos a la Tierra

Dava Sobel

Traducción de Jaime Zulaika

PENÍNSULA

Título original: *The Planets*

Primera edición: junio de 2025

Ediciones Península,
Diagonal 662-664
08034 Barcelona
edicionespeninsula@planeta.es
www.edicionespeninsula.com

REALIZACIÓN PLANETA - fotocomposición
Impresión y encuadernación: Arcángel Maggio Europa
Depósito legal: B. 7.416-2025
ISBN: 978-84-1100-373-5

Printed in Spain - Impreso en España

PEFC Certificado
Este libro procede de bosques gestionados de forma sostenible
PEFC
PEFC/14-38-00305
www.pefc.es

Dedicado con infinito amor a mis hermanos mayores,
Michael V. Sobel, doctor en Medicina, que bautizó
al gato de la familia con el nombre de Capitán Marvel,
y Stephen Sobel, doctor en Odontología, que compartió
tienda conmigo en el Campamento Espacial.

De noche yazgo insomne en lo No-dicho implacable, sabiendo que los planetas nacen, florecen y mueren, como lirios de un día que se abren uno por uno en cada recoveco del universo...

Diane Ackerman,
The Planets: A Cosmic Pastoral

En toda la historia de la humanidad, solo habrá una generación que será la primera en explorar el Sistema Solar, una generación para la cual, en la infancia, los planetas son discos distantes e indistintos que se desplazan por el cielo nocturno, y para la cual, en la vejez, los planetas son lugares, mundos nuevos y diversos que están siendo explorados.

Carl Sagan,
La conexión cósmica: una perspectiva extraterrestre

Índice

I

Maquetas de mundos

Mi planeta fetiche comenzó, que yo recuerde, en la escuela primaria, a los ocho años, por la misma época en que aprendía que la Tierra tenía hermanas en el espacio, al igual que yo tenía hermanos mayores en el instituto y la universidad. La presencia de los mundos vecinos fue una revelación a la vez específica y misteriosa en 1955, pues si bien cada planeta tenía un nombre y ocupaba un lugar en la familia del Sol, se sabía muy poco de ninguno de ellos. Plutón y Mercurio, como París y Moscú, solo que mejor, llevaban la imaginación infantil hacia utopías ultraexóticas.

Los pocos datos seguros sobre los planetas sugerían aberraciones fantásticas, desde extremos insoportables de temperatura hasta la distorsión del tiempo. Dado que Mercurio, por ejemplo, podía rodear el Sol en solo 88 días, comparados con los 365 que tarda la Tierra, un año de Mercurio pasaría como un bólido en tres meses escasos, de un modo muy similar a los «años de los perros», que comprimían siete años de experiencia animal en un año de su amo y explicaban la vida, por desgracia corta, de los animales domésticos.

Cada planeta ofrecía su propio ámbito de posibilidades, su propia versión de la realidad. Se suponía que Venus ocultaba pantanos exuberantes bajo su perenne cubierta de nubes, donde océanos de petróleo, o posiblemente de agua con gas, bañaban selvas tropicales llenas de vida vegetal amarilla y anaranjada. Y estas opiniones procedían de científicos serios, no de cómics ni de novelas sensacionalistas.

El ilimitado exotismo de los planetas contrastaba profundamente con su bajo censo. El hecho de que fueran nueve contribuía a definirlos como un grupo. De los seres normales existían pares o docenas, o cantidades que terminaban en cinco o en cero, pero los planetas eran nueve y solo nueve. Sin embargo, el nueve, una cifra tan extraña como el propio espacio exterior, podía contarse con los dedos. Comparados con la tarea de memorizar cuarenta y ocho capitales de estado o fechas importantes en la historia de Nueva York, los planetas podían aprenderse en una tarde. Cualquier niño que se aprendiese de memoria los nombres de los planetas con ayuda de frases nemotécnicas atractivas y aparentemente sin sentido, al mismo tiempo, asimilaba la progresión correcta de su distancia del Sol: Mercurio, Venus, la Tierra, Marte, Júpiter, Saturno, Urano, Neptuno y Plutón.

La manejable cifra de planetas parecía convertirlos en coleccionables, y me empujó a disponerlos para el torneo científico en un diorama instalado dentro de una caja de zapatos. Reuní canicas, pelotas de ping-pong y las pelotas rosas de goma que las chicas botábamos durante horas en la acera; las pinté con pintura témpera y las colgué de limpiapipas y de una cuerda. Mi maqueta (más parecida a una casa de muñecas que a una demostración científica) no daba ninguna percepción real de los tamaños relativos de los planetas ni de las enormes distancias que los separaban. En rigor, debería haber utilizado un balón de baloncesto para Júpiter, para mostrar cómo empequeñecía a todos los demás, y haberlo montado todo en el embalaje de cartón gigante de una lavadora o una nevera, para aproximarme más a las dimensiones grandiosas del Sistema Solar.

Por suerte, mi tosco diorama, creado con una absoluta falta de destreza artística, no destruyó mis hermosas visiones de Saturno suspendido en la simetría perfecta de sus anillos giratorios, ni los dibujos cambiantes en el paisaje de Marte, que los informes científicos de la década de 1950 atribuían a ciclos de vegetación estacionales.

Después de la exhibición de proyectos científicos, mi clase organizó una obra de teatro. Me dieron el papel de «estrella solitaria», porque el texto exigía que ese personaje llevara una capa roja y yo tenía una de un disfraz de Halloween. La estrella solitaria pronunciaba un monólogo sobre el deseo que el Sol tenía de compañía, y que los actores que hacían de planetas satisfacían uniéndose a mí, cada cual con un parlamento en el que declaraban sus propias características. Las interpretaciones más memorables fueron la de «Saturno», que hacía girar dos *hula-hoops* mientras recitaba su texto, y la de la «Tierra», rechoncha y tímida, pero obligada a anunciar con la mayor naturalidad: «Tengo una cintura de 40.000 kilómetros». Así se me quedó grabada indeleblemente la medida de la circunferencia de la Tierra. (Obsérvese que siempre decíamos «la tierra» en aquella época. No se convirtió en «Tierra» hasta que fui mayor de edad y la Luna pasó de ser una lamparilla a un destino.)

Mi papel de estrella solitaria me ayudó a asimilar la función de padre y guía que ejerce el Sol. No en vano nuestra parte del universo se llama «Sistema Solar», y en él la proximidad al Sol determina en gran medida la estructura y las características de cada planeta individual.

Había excluido al Sol de mi diorama porque no había comprendido su poder y, además, me habría planteado un problema de escala insoluble.[1] Otro motivo para prescindir del Sol, y asimismo de la Luna, fue la brillante familiaridad de ambos objetos, que parecía convertirlos en componentes habituales de la atmósfera de la Tierra, mientras que a los planetas solo se les vislumbraba de vez en cuando (o antes de acostarse o en un temprano cielo matutino, todavía oscuro) y, por lo tanto, eran mucho más apreciados.

En la visita que hizo nuestra clase al planetario Hayden, los niños urbanos vimos un cielo nocturno idealizado, desprovisto del fulgor de las señales de tráfico y las luces de neón. Observamos cómo los planetas se perseguían alrededor del firmamento de la bóveda. Probamos la fuerza relativa de la gravedad con balanzas trucadas que nos informaban de cuánto pesaríamos en Júpiter (unos ciento ochenta kilos, y más en el caso de un profesor de talla normal) o en Marte (todos peso pluma). Y nos quedamos embobados viendo el meteorito de quince toneladas que, surgiendo de la nada, había caído en el Willamette Valley de Oregón, creando una amenaza para la seguridad humana que pocos de nosotros habíamos aprendido a temer.

Se decía que el meteorito de Willamette (que todavía se expone de modo permanente en lo que hoy se llama el Rose Center de la Tierra y el Espacio, parte del Museo Americano de Historia Natural de Nueva York) era, por increíble que parezca, el núcleo de hierro y níquel de un antiguo planeta que en un tiempo estuvo en órbita alrededor del Sol. Por alguna razón, aquel mundo había esta-

1. En su ingenioso folleto «The Thousand-Yard Model or The Earth as a Peppercorn» [«La maqueta de mil metros o La Tierra como un grano de pimienta»], Guy Ottewell enseña a construir una maqueta a escala del Sistema Solar utilizando una bola de bolera para el Sol. La Tierra, con sus 12.000 kilómetros de diámetro, aquí reducida a un grano de pimienta, ocupa el lugar que le corresponde, a veinticuatro metros (!) de la bola.

llado, varios miles de millones de años atrás, y lanzado al espacio sus fragmentos a la deriva. El azar había impulsado aquel pedazo concreto hacia la Tierra, donde impactó contra el suelo de Oregón a una velocidad descomunal, se desintegró por el calor de la fricción y golpeó el valle con la potencia de una bomba atómica. Más tarde, mientras el meteorito permaneció inmóvil durante eones, las lluvias ácidas del Pacífico abrieron grandes agujeros en su mole calcinada y herrumbrosa.

Aquella fue la primera escena que trastornó mis ideas inocentes sobre los planetas. Aquel oscuro y maligno invasor había confraternizado, sin duda, en el espacio con hordas de otras rocas y trozos de metal extraviados que podrían chocar contra la Tierra en cualquier momento. El Sistema Solar donde yo habitaba, que hasta entonces había sido un ejemplo tan infalible como un mecanismo de relojería, se había convertido en un lugar desordenado y peligroso.

El lanzamiento del *Sputnik*, en 1957, cuando yo tenía diez años, me dio un susto de muerte. Como demostración de una fuerza militar extranjera, dio un nuevo sentido a los simulacros de ataques aéreos que se organizaban en toda la escuela, y en los que, acurrucados debajo de los pupitres, de espaldas a las ventanas, fingíamos que nos poníamos a salvo. Era evidente que aún eran más de temer unos seres humanos enfadados que unas piedras imprevisibles del espacio.

A lo largo de mi primer y mi segundo decenio de vida, mientras el país hacía realidad el sueño del joven presidente de enviar un cohete a la Luna, los cohetes clandestinos en silos de misiles mantuvieron vivas las pesadillas colectivas. Pero para diciembre de 1972, cuando los astronautas del *Apolo* trajeron la última remesa de piedras de la Luna, naves espaciales pacíficas y esperanzadoras habían aterrizado también en Venus y en Marte, y otra más, la *Pioneer 10*, de Estados Unidos, viajaba con la misión de acercarse a Júpiter. A lo largo de los años setenta y ochenta, prácticamente no pasaba un año sin que hubiese una expedición no tripulada a otro planeta. Las imágenes que los robots exploradores transmitían por radio a la Tierra pintaban un detalle tras otro en la cara vacía de los planetas. También fueron apareciendo nuevas entidades a medida que las naves espaciales descubrían, literalmente, docenas de nuevas lunas de Júpiter, Saturno, Urano y Neptuno, así como múltiples anillos alrededor de estos cuatro planetas.

Si bien Plutón seguía estando inexplorado, porque se le consideraba demasiado lejano y difícil de visitar, en 1978 se descubrió por casualidad que poseía una luna inesperada, gracias a minuciosos análisis de fotografías tomadas por telescopios situados en la Tierra. Si mi hija, nacida en 1981, hubiera intentado a los ochos años hacer un diorama del Sistema Solar revisado y ampliado, habría necesitado puñados de gominolas y caramelos duros para hacer una maqueta que representara los numerosos añadidos recientes. Mi hijo, tres años menor, podría haber optado por hacerlo en su ordenador.

A pesar del aumento de población que se produjo en el Sistema Solar, el número de sus planetas se mantuvo estable en nueve, al menos hasta finales de 1992. Aquel año se detectó un cuerpo pequeño y oscuro, independiente de Plutón, en la periferia del Sistema Solar. Pronto se hicieron descubrimientos similares que en la década siguiente elevaron a setecientos el número total de periféricos diminutos. La abundancia de minimundos llevó a algunos astrónomos a preguntarse si habría que seguir considerando que Plutón era un planeta o clasificarlo de nuevo como el más grande de los «objetos transneptunianos». (El Rose Center ya ha excluido a Plutón de la lista planetaria.)

En 1995, solo dos años después de que se descubriera el primero de los numerosos vecinos de Plutón, apareció algo aún más notable. Era un auténtico planeta nuevo... de otra estrella. Los astrónomos llevaban mucho tiempo sospechando que quizás otras estrellas, además del Sol, tuvieran sus propios sistemas planetarios, y ahora había surgido la primera en 51 Pegasi, en la constelación del caballo volador. Meses después se hallaron otros «exoplanetas» —como bautizaron enseguida a los planetas extrasolares recién descubiertos— en estrellas tales como Ípsilon Andrómeda, 70 Virginis b y PSR 1257+12. Desde entonces se han identificado, como mínimo, 160 exoplanetas adicionales, y las mejoras en las técnicas de descubrimiento prometen hallar muchos más en el futuro próximo. En efecto, el número de planetas solo en la galaxia de nuestra Vía Láctea puede sobrepasar con mucho su complemento de cien mil millones de estrellas.

Mi Sistema Solar, un viejo conocido que antaño se consideraba único, ahora constituye el mero primer ejemplo que se conoce de un género popular.

Como aún no se han visto exoplanetas directamente a través de un telescopio, sus descubridores tienen que imaginar cómo serán. Únicamente se conoce su tamaño y su dinámica orbital. Muchos de ellos rivalizan en peso con el gigantesco Júpiter, porque los planetas grandes son más fáciles de descubrir que los pequeños. De hecho, la existencia de los exoplanetas se deduce del efecto que causan en su estrella parental: o bien la estrella se bambolea mientras cede a la atracción gravitatoria de compañeros invisibles, o bien se oscurece periódicamente cuando sus planetas pasan por delante y obstruyen su luz. También tiene que haber exoplanetas pequeños, del tamaño de Marte o Mercurio, orbitando alrededor de soles lejanos, pero como son demasiado minúsculos para perturbar a una estrella no se les detecta desde lejos.

Los científicos planetarios se han apropiado ya de la palabra *Júpiter* como un término genérico y, en consecuencia, «un júpiter» significa «un exoplaneta grande», y la masa de un exoplaneta inmenso puede cuantificarse como tres «júpiters» o cuatro. De la misma manera, «una tierra» ha pasado a representar el objetivo más deseable y más dificultoso de los cazadores de planetas actuales, que inventan métodos para sondear la galaxia en busca de esferas chiquitas y frágiles, de preferencia con tonalidades azules y verdes, que constituyen indicios de agua y de vida.

Sean las que sean las preocupaciones cotidianas que presiden nuestra mente en los albores del presente siglo, el descubrimiento que se está llevando a cabo de sistemas planetarios extrasolares define nuestro momento de la historia. Y nuestro Sistema Solar, en vez de perder importancia como uno más entre muchos, demuestra ser la plantilla para comprender una plétora de otros mundos.

Ahora que los planetas revelan sus secretos gracias a la investigación científica, y se repiten a través del universo, conservan el peso emocional de su larga influencia sobre nuestra vida y todo lo que han significado en los cielos de la Tierra. También los dioses y demonios antiguos fueron en su tiempo —y siguen siendo— las fuentes de una luz inspiradora, los trotamundos de la noche, el lejano horizonte del paisaje hogareño.

2

Génesis

«En el principio creó Dios los cielos y la tierra —refiere el primer libro de la Biblia—. Y la tierra estaba sin orden y vacía. Había tinieblas sobre la faz del océano y el Espíritu de Dios se movía sobre la faz de las aguas. Entonces Dios dijo: "Sea la luz", y fue la luz.»

La energía de la voluntad divina inundó de luz los cielos y la tierra nuevos el primerísimo día del Génesis. El bien poderoso de la luz invadió de este modo las tardes y las mañanas en que los mares se separaron de los terrenos secos y la tierra produjo hierba y árboles frutales, antes incluso de que Dios, el cuarto día, colocara el Sol, la Luna y las estrellas en el firmamento.

Asimismo, el guion científico de la creación desencadena la aparición del universo en una explosión de energía a partir de un vacío de oscuridad eterna. Los científicos dicen que hace unos 13.000 millones de años, la luz caliente del «Big Bang» estalló y se fundió al instante en materia y energía. Los tres minutos de enfriamiento siguientes precipitaron todas las partículas atómicas del universo, en las proporciones desiguales de 75 por ciento de hidrógeno por 25 por ciento de helio, además de rastros minúsculos de otros pocos elementos. Mientras el universo se expandía de forma exponencial en todas las direcciones y seguía enfriándose, no arrojó luz nueva durante, como mínimo, mil millones de años..., hasta que engendró las estrellas y estas empezaron a brillar.

Las estrellas nuevas se encendían con la fusión de los átomos de hidrógeno que chocaban entre ellos, desprendiendo helio y liberando energía. La energía huyó de las estrellas en forma de luz y calor, pero el helio se acumuló en su interior, hasta que a la larga también se convirtió en un combustible para la fusión nuclear, y las estrellas fusionaron átomos de helio con átomos de carbono. En etapas posteriores de su vida, las estrellas produjeron asimismo nitrógeno, oxígeno y hasta hierro. Después, literalmente extenuadas, expiraron y explotaron, vomitando al espacio su botín de elementos nuevos. Las estrellas más grandes y brillantes legaron al universo los elementos más pesados, entre ellos el oro y el uranio. De este modo llevaron a cabo la obra de la creación, fraguando una amplia gama de materias primas para su uso futuro.

Mientras las estrellas enriquecían los cielos que las habían creado, estos dieron origen a nuevas generaciones de estrellas, y estas descendientes poseían suficiente riqueza para construir mundos concomitantes, con mares de sal y pozos de cieno, con montañas y desiertos y ríos de oro.

En su nacimiento, hace unos 5.000 millones de años, la estrella que es nuestro Sol surgió de una vasta nube de hidrógeno frío y viejo polvo de estrellas en una región escasamente poblada de la Vía Láctea. Cualquier perturbación, como por ejemplo la onda expansiva de una explosión estelar cercana, debió de tener repercusiones en aquella nube y precipitó su desplome: átomos muy dispersos gravitaban en pequeños racimos que a su vez se agruparon y siguieron juntándose a una velocidad cada vez mayor. La súbita contracción de la nube aumentó su temperatura y la hizo girar.

Lo que había sido una expansión difusa y fría de forma indeterminada era ahora una «nebulosa protosolar» densa, caliente y esférica, a punto de nacer como estrella.

La nebulosa se aplastó formando un disco con un abultamiento central, y allí, en el corazón del disco, nació el Sol. En el momento en que el Sol inició su fusión autodestructiva de hidrógeno en el infierno de su núcleo, a muchos millones de grados, el empuje hacia fuera de energía detuvo el desplome gravitatorio hacia dentro. A lo largo de unos cuantos millones de años, el resto del Sistema Solar se formó con el gas sobrante y el polvo que rodeaba al Sol recién nacido.

El libro del Génesis nos cuenta cómo el polvo del suelo, moldeado y exaltado por el soplo de vida, se transformó en el primer hombre. El polvo ubicuo del Sistema Solar primitivo —motas de carbón y de silicio, moléculas de amoníaco, cristales de hielo— se unió poco a poco formando «planetésimos», que eran las semillas o las primeras fases de los planetas.

Al tiempo que se ensamblaban, los planetas afirmaron su individualidad, pues cada uno incorporó las sustancias singulares de su emplazamiento en la nebulosa. En la zona más calurosa, al lado del Sol, Mercurio se materializó a partir, sobre todo, de polvo metálico, mientras que la Tierra y Venus maduraban allí donde proliferaban el polvo de roca y también de metal. Más allá de Marte, decenas de miles de planetésimos rocosos se aprovecharon de abundantes suministros de carbono, pero no lograron amalgamarse para formar un planeta importante. Esos rebaños de mundos sin terminar, llamados «asteroides», aún vagan por la amplia región situada entre Marte y Júpiter, y su territorio, el «cinturón de asteroides», marca la gran línea divisoria del Sistema Solar: en la parte más cercana al Sol se extienden los planetas terrestres; en la parte lejana, crecieron los gigantes fríos y gaseosos.

Los planetésimos a mayor distancia del Sol y a temperaturas inferiores asimilaron provisiones de agua helada y otros componentes que contenían hidrógeno. El primero en alcanzar unas proporciones apreciables atrajo después grandes cantidades de gas de hidrógeno y lo conservó, y de este modo formó Júpiter, el planeta colosal cuya masa es el doble que la de todos los demás juntos. Saturno también se agrandó con gas. Más alejados del Sol, donde el polvo era aún más frío y escaso, los planetésimos tardaron más en desarrollarse. Para cuando Urano y Neptuno hubieron alcanzado suficiente masa para abastecerse de hidrógeno, la mayor parte de aquel gas ya se había disipado. A un paso de Plutón, solo había fragmentos de roca y hielo.

Durante el período de formación de los planetas, por todo el joven Sistema Solar volaban proyectiles como ángeles vengadores. Mundos distintos chocaban. Cuerpos de hielo se estrellaban contra la Tierra y desalojaban varios océanos de agua. Lluvias de cuerpos rocosos causaban incendios y destrucción. En uno de estos cataclismos, hace 4.500 millones de años, un objeto volador del tamaño de Marte (aproximadamente la mitad de grande que la Tierra) cayó sobre nuestro planeta. El impacto y el levantamiento lanzaron desechos fundidos al espacio próximo, donde orbitaron como un disco antes de enfriarse y fusionarse para formar la Luna.

La violencia del período de formación del Sistema Solar terminó poco después, hace unos 4.000 millones de años, en un paroxismo final expresivamente denominado «el último gran bombardeo». En aquellos tiempos remotos, muchos planetésimos todavía errantes se estrellaron contra planetas existentes. Infinidad de otros cuerpos pequeños fueron expulsados por la fuerza, en virtud de las interacciones gravitatorias con los planetas gigantes, a un lejano país de Nod en el Sistema Solar exterior.

El joven Sol iluminaba muy poco los planetas, y se volvió poco a poco más caliente y luminoso en el curso de sus primeros 2.000 millones de años, gracias al helio que almacenaba en su núcleo. En la actualidad, en su edad mediana, el Sol sigue haciéndose cada vez más brillante, a la vez que convierte en helio setecientos millones de toneladas de hidrógeno, *por segundo*. Incluso a este ritmo galopante de consumo, la abundancia de hidrógeno del Sol garantiza de tres a cinco mil millones de años más de luz. Pero es inevitable que a medida que se pasa a la fusión de helio, se vuelva tan caliente como para derretir los océanos de la Tierra y aniquilar la vida que se desarrolló en ellos. El incremento de temperatura requerido para quemar helio hará que el Sol, más caliente, se vuelva rojo y se infle hasta tragarse a los planetas Mercurio y Venus y derretir la superficie de la Tierra. Cien millones de años después, cuando el Sol haya reducido más helio a cenizas de carbono, se desprenderá de sus capas externas y las expedirá más allá de Plutón. Una estrella más grande, en este punto, podría optar por el recurso de quemar carbono, pero nuestro Sol, una estrella relativamente pequeña, según los baremos del universo, no podrá hacerlo. En vez de eso, arderá como una ascua y arrojará una luz menguante sobre el rescoldo carbonizado donde Dios antaño caminó entre los hombres. Este futuro tan poco prometedor, sin embargo, se perfila tan lejano que concede a los descendientes de Adán y Noé tiempo más que suficiente para encontrar un nuevo hogar.

El glorioso Sol de nuestra época, el progenitor de los planetas y la principal fuente de energía, representa el 99,9 por ciento de la masa del Sistema Solar. Todo lo demás —todos los planetas, con sus lunas y anillos, más todos los asteroides y cometas— constituye solo el 0,1 por ciento. Esta enorme desigualdad entre el Sol y la suma de sus acompañantes define el equilibrio de poder entre ellos, pues la ley universal de la gravedad decreta que lo masivo dominará sobre lo menos masivo. La gravedad del Sol mantiene a los planetas en órbita y también les dicta su velocidad. Cuanto más cerca del Sol están, más rápido giran. El Sol, a su vez, acata la voluntad de la masa concentrada de estrellas en el centro de nuestra galaxia, la Vía Láctea, alrededor de la cual describe una órbita cada 230 millones de años, arrastrando con él a los planetas.

Del mismo modo que sienten la atracción del Sol con mayor o menor fuerza, según la distancia a la que se encuentren, los planetas también comparten la luz y el calor del Sol. La intensidad de la energía solar disminuye a medida que la irradia a través del espacio interplanetario. Y así, mientras partes de Mercurio se asan a quinientos grados, Urano, Neptuno y Plutón sufren una congelación perpetua. Únicamente en la sección media del Sistema Solar, la más templada, llamada la zona habitable, las condiciones han consentido que florezcan «los grandes animales acuáticos, todos los seres vivos que se desplazan y que las aguas produjeron, según su especie, y toda ave alada según su especie. Y... los animales de la tierra según su especie, el ganado según su especie y los reptiles de la tierra según su especie...».

Los planetas devuelven el favor de la luz del Sol reflejando sus rayos, y de esta forma simulan brillo, aunque no emiten luz propia. El Sol es el único cuerpo del Sistema Solar que emite luz; todos los demás brillan por mérito ajeno. Hasta la Luna llena que ilumina tantas deliciosas noches terrenales debe su luz plateada a los rayos de Sol que rebotan en el oscuro suelo lunar. La Tierra fulgura con igual hermosura vista desde la Luna, y por el mismo motivo.

El efecto de luz reflejada de Venus, cercano al Sol y también a la Tierra, hace que este planeta sea, con mucho, el más resplandeciente para nuestros ojos. Júpiter, aunque mucho más grande, se encuentra a muchos millones de kilómetros de distancia, y por consiguiente palidece comparado con nuestro cielo nocturno. Los mundos aún más lejanos de Urano y Neptuno, inmensos como son, captan y proyectan tan poca luz que a Urano solo de vez en cuando se le ve a simple vista (como un mero punto luminoso); a Neptuno, nunca.

Aunque tampoco podemos ver a Plutón sin un telescopio, hay otros objetos en la periferia del Sistema Solar que en ocasiones pueden hacerse y se hacen súbitamente visibles. Si un encuentro casual la desvía, una roca de hielo oriunda de las profundidades de Plutón puede verse empujada hacia el Sol y pasar de ser un terrón opaco a un espectacular cometa. Solazándose al calor del Sol, el cuerpo helado se calienta y proyecta una cola aérea de gas desechado y polvo de hielo que centellea con el reflejo del Sol. El brillo se apaga y desaparece, sin embargo, una vez que el cometa ha rodeado al Sol y regresa al Sistema Solar exterior.[1]

Las visitas de los cometas, durante mucho tiempo interpretadas como señales o prodigios, han esbozado recientemente la auténtica magnitud de los dominios del Sol. Rastreando las partes visibles de los caminos seguidos por

1. El polvo que desprende el cometa ensucia el espacio interplanetario, y cuando la Tierra atraviesa un tramo de estos residuos, las partículas que caen a través de la atmósfera se incineran y aparecen en forma de «estrellas fugaces» aisladas o de auténticas lluvias de meteoritos.

los cometas y extrapolando el resto, los astrónomos han mostrado que muchos de ellos proceden de más allá de las inmediaciones de Plutón, de un segundo depósito de cometas situado a una distancia centenares de veces mayor. A pesar de ello, estos cuerpos aún pertenecen al Sol, acatan su gravedad y reciben cierto fulgor de la luz solar.

La luz del Sol, que viaja por el espacio a la pasmosa velocidad de 300.000 kilómetros por segundo, tarda siglos en emerger del interior denso del Sol. La luz solo avanza unos pocos kilómetros al año cerca del núcleo solar, donde la acumulación de materia la absorbe una y otra vez y le impide huir. Irradiando de este modo, la luz puede viajar un millón de años antes de alcanzar la zona de convección solar, donde se une al rápido trayecto hacia arriba y hacia fuera de turbulentos remolinos de gas ascendente. En cuanto estos remolinos liberan sus cargamentos de luz, vuelven a hundirse y, más tarde, vuelven a remontar el vuelo con otras remesas.

La superficie visible del Sol, la que emite luz —la fotosfera—, bulle como si hirviera por el tumulto constante de energía liberada. Burbujas de gas rebosantes de luz dan a la fotosfera una tez granulosa, punteada aquí y allá por pares de manchas solares de forma irregular, con un centro negro y, alrededor de él, una gama de tonalidades grises, como las penumbras de las sombras. Las manchas solares designan áreas de intensa actividad magnética en el Sol, y su oscuridad indica su relativa frialdad de unos 4.000 K, comparada con áreas próximas de casi 6.000 K.[2] El nivel de

2. Los grados K (grados Kelvin) son del mismo valor que los grados Celsius (o centígrados): casi el doble que los grados Fahrenheit. Sin embargo, la escala Kelvin empieza más abajo, a −273 °C o «cero absoluto», el punto en el cual cesa todo movimiento y no existe un límite superior, lo cual es útil para describir las temperaturas de las estrellas.

actividad solar aumenta y disminuye según ciclos de once años de promedio, y las manchas solares se mezclan, se forman y se multiplican según este mismo ritmo. Su número y distribución varían como la hambruna y la abundancia, desde ninguna mancha en el «mínimo solar», o solo unas pocas salpicando las altas latitudes del Sol, hasta el «máximo solar» de cinco a seis años después, en que centenares de ellas se agolpan más cerca del ecuador. Aunque parezca que las manchas solares se congregan y deslizan como nubes a través de la fotosfera, en realidad, es la rotación del Sol la que las arrastra.

El Sol gira sobre su eje aproximadamente una vez al mes, como continuación del movimiento giratorio en que nació. Como es una bola de gas inmensa, su giro es complejo y se realiza en capas de velocidades diversas. El núcleo y su entorno inmediato giran a un ritmo, como un cuerpo sólido. La zona que lo recubre gira más rápido y, por encima de ella, la fotosfera visible rota a varias velocidades diferentes, más deprisa en el ecuador del Sol que cerca de sus polos. Estos movimientos combinados y opuestos dan al Sol una virulencia cuyas secuelas se perciben claramente en todo el Sistema Solar.

El «viento solar», una exhalación caliente de partículas cargadas (que recuerda al «viento de Dios»), sopla desde el Sol turbulento y somete a los planetas a una descarga constante. Si no fuera por la envoltura protectora del campo magnético terrestre, que desvía la mayor parte de ese viento, no podríamos resistir su agresión. De vez en cuando, sobre todo durante el máximo solar, el viento solar estable arrecia a causa de súbitos estallidos de partículas de energía más alta procedentes de erupciones en la superficie del Sol, o a causa de gotas descomunales de gas solar expulsado. Tales arrebatos pueden inutilizar nuestros satélites de comunicaciones y averiar redes eléctricas, ocasionando apagones. En dosis más suaves, las partículas de viento solar se infiltran en la atmósfera superior, cerca del Polo Norte y el Polo Sur, y producen cascadas de carga eléctrica que forman cortinas de luz de colores a través del cielo: las llamadas aurora boreal y aurora austral. Otros planetas también generan auroras coloreadas en respuesta al viento solar, que se infla al pasar por delante de Plutón hasta llegar a la heliopausa, la frontera no descubierta donde termina la influencia del Sol.

Desde la Tierra, vemos el Sol como un círculo resplandeciente, más brillante pero no más grande que la circunferencia de la Luna llena. Las «dos grandes luces», como en el Génesis se describen el Sol y la Luna, forman una buena pareja, pues si bien la Luna solo mide un cuadringentésimo del diámetro del Sol —que es alrededor de 1.600.000 kilómetros—, se encuentra cuatrocientas veces más cerca de la Tierra. Esta misteriosa coincidencia de tamaño y distancia permite a la raquítica Luna obstruir al Sol cada vez que los dos cuerpos convergen en su sendero compartido del cielo terrestre.

Aproximadamente una vez cada dos años, alguna franja estrecha de la Tierra —casi siempre un lugar casi inaccesible, dejado de la mano de Dios— disfruta de un eclipse solar total. Allí anochece y alborea dos veces en el mismo día y las estrellas salen cuando el Sol está aún en lo alto. Las temperaturas pueden descender diez o quince grados de golpe, y hasta el observador más hastiado advierte la singular desorientación que afecta a los pájaros y a los animales cuando corren hacia sus nidos o madrigueras en la súbita oscuridad del mediodía.

Ningún eclipse total puede durar más de siete minutos, debido al continuo giro de la Tierra sobre su eje y al inexorable itinerario que sigue la órbita de la Luna. Pero un eclipse total, por breve que sea, ofrece un motivo suficiente para que las expediciones científicas y las personas curiosas recorran medio mundo, aunque ya hayan visto uno o más eclipses.

En un eclipse total, en el que la Luna es un charco de hollín que oculta la brillante esfera solar y el cielo se oscurece hasta un azul crepuscular, surge la espléndida corona del Sol, normalmente invisible. Serpentinas de gas de la corona, de color perla y platino, circundan al Sol desvanecido como un halo irregular. Largas cintas rojas de hidrógeno electrificado saltan de detrás de la luna negra y bailan en la corona fulgurante. Todas estas visiones raras e increíbles se perciben a simple vista, ya que un eclipse total ofrece la única ocasión de contemplar al Sol omnipotente sin el temor ni el riesgo de quedarse ciego.

Instantes después, la sombra de la Luna pasa y el don ordinario de la luz del Sol restaura el orden del mundo natural. Pero en los espectadores subsiste la visión del eclipse, como si hubieran presenciado un milagro. ¿Es casualidad que el único planeta habitado del Sistema Solar posea el único satélite del tamaño preciso para crear el espectáculo de un eclipse solar total? ¿O forma parte de un designio divino esta asombrosa manifestación del esplendor oculto del Sol?

3

Mitología

Los planetas hablan un antiguo dialecto mitológico. Sus nombres recuerdan todo lo que sucedió antes de la historia y de la ciencia, cuando Prometeo colgaba encadenado de aquella roca en el Cáucaso por haber robado el fuego del cielo y Europa no era todavía un continente, sino una muchacha amada por un dios que la sedujo disfrazado de toro.

En aquellos tiempos, Hermes —o Mercurio, como rebautizaron los romanos al dios mensajero griego— volaba veloz como el pensamiento para cumplir encargos divinos que le granjearon más menciones que cualquier otro olímpico en los anales de la mitología: cuando el dios del averno se llevó a la única hija de la diosa de las cosechas, Mercurio fue enviado a rescatar a la víctima y la devolvió a su hogar en un carro de oro tirado por caballos negros. Cuando Cupido logró su deseo de hacer inmortal a Psique y, en consecuencia, apta para casarse con él, fue Mercurio quien introdujo a la novia en el palacio de los dioses.

El planeta Mercurio se mostraba a los antiguos, tal como se muestra a simple vista hoy, solo en el horizonte, donde atraviesa el limbo nebuloso entre el día y la noche. El veloz Mercurio anunciaba el Sol al alba, o bien lo expulsaba durante el ocaso. A otros planetas —Marte, Júpiter, Saturno— se les veía brillar toda la noche, durante meses seguidos, en lo alto del cielo. Pero Mercurio huía siempre de la oscuridad hacia la luz, o viceversa y se apresuraba a esfumarse en el lapso de una hora. De la misma manera, el dios Mercurio servía de intermediario, atravesaba los reinos de los vivos y de los muertos y conducía las almas de los fallecidos a su morada final en el Hades.

Puede que el mito haya prestado el nombre del dios al planeta, pues reflejaba sus atributos, o quizás la conducta observada del planeta dio origen a las leyendas del dios. En cualquier caso, la unión del planeta Mercurio con el divino Mercurio —y con Hermes y, antes de él, con la deidad babilónica Nabu el Sabio— quedó establecida en el siglo v a.C.

La eterna imagen de Mercurio, enjuto y resuelto como un corredor de maratón, personifica la rapidez. Las alas de sus sandalias lo impulsan, espoleadas aún más por las alas de su capa y los poderes mágicos de su varita alada. Aunque la velocidad culmina la panoplia de sus facultades, Mercurio también ganó fama como matador de gigantes (después de matar a Argos, de mil ojos) y como dios de la música (porque inventó la lira y su hijo, Pan, fabricó la flauta pastoril de juncos), dios del comercio y protector de comerciantes (por lo cual se le recuerda en palabras como «mercante» y «mercantil»), de estafadores y de ladrones (puesto que robó rebaños a su hermanastro Apolo el primer día de vida), de la elocuencia (otorgó a Pandora el don del lenguaje), así como de la astucia, el conocimiento, la suerte, las carreteras, los viajeros, los jóvenes en general y los pastores en particular. Su vara, el caduceo, con una serpiente entrelazada, ha simbolizado a lo largo de los siglos la fertilidad, la medicina o la sabiduría.

Mercurio y sus compañeros de viaje atrajeron la atención al desplazarse entre las estrellas fijas, lo que les granjeó el nombre de *planetai*, que significa 'errantes' en griego.

El orden de sus movimientos deparó el «cosmos» salido del «caos» en esta misma lengua e inspiró un vocabulario completo para describir las posiciones planetarias. De la misma forma que los planetas conservan los nombres de dioses, términos griegos como *apogeo*, *perigeo*, *excentricidad* y *efemérides* subsisten en las conversaciones astronómicas. Los primeros observadores que acuñaron estas palabras llenan una lista de héroes antiguos, desde Tales de Mileto (624-546 a. C.), el fundador de la ciencia griega que predijo un eclipse solar y se interrogó sobre la sustancia del universo, hasta Platón (427-347 a. C.), que representó los planetas montados sobre siete esferas de cristal invisible, insertadas unas dentro de otras, girando en el interior de la octava esfera de las estrellas fijas, todas ellas centradas en la tierra sólida.[1] Aristóteles (384-322 a. C.) elevó más tarde a cincuenta y cuatro el número de esferas celestes, a fin de explicar mejor las desviaciones observadas de los planetas con respecto a unos senderos circulares, y para cuando Tolomeo codificó la astronomía, en el siglo II d. C., las esferas importantes habían aumentado aún más gracias a ingeniosos círculos más pequeños, llamados «epiciclos» y «deferentes», necesarios para compensar las complejidades admitidas del movimiento planetario.

«Sé que soy de naturaleza mortal y efímero —dice un epígrafe que abre el gran tratado astronómico de Tolomeo, el *Almagesto*—, pero cuando trazo a mi antojo las curvas a un lado y otro de los cuerpos celestes ya no piso tierra: estoy en presencia del propio Zeus y tomo mi porción de ambrosía, el alimento de los dioses.»

1. Los antiguos reconocían siete planetas: el Sol, la Luna, Mercurio, Venus, Marte, Júpiter y Saturno.

En el modelo de Tolomeo, Mercurio giraba alrededor de la Tierra estacionaria justo allende la esfera de la luna. El ímpetu para el movimiento lo imprimía una fuerza divina exterior a la red de esferas. Más de un milenio después, sin embargo, cuando Copérnico reorganizó los planetas en 1543, sostuvo que el poderoso Sol, «como sentado en un trono real», «gobierna la familia de los planetas». Sin especificar la fuerza mediante la cual reinaba, Copérnico colocó a los planetas alrededor del Sol por orden de velocidad, y situó a Mercurio más cerca de la lumbre solar porque viajaba más rápido.

De hecho, la proximidad de Mercurio al Sol domina todas las condiciones de la existencia del planeta; no solo su avance galopante por el espacio, que es lo único que podemos columbrar desde la Tierra, sino también su conflicto interno, su calor, su peso y la historia catastrófica que lo dejó tan pequeño (solo un tercio de la anchura de la Tierra).

La atracción del Sol cercano lanza a Mercurio alrededor de su órbita a una velocidad media de unos 48 kilómetros por segundo. A este ritmo, que casi duplica el de la Tierra, Mercurio tarda solo 88 días terrestres en completar su viaje orbital. La misma gravedad arbitraria que acelera la revolución de Mercurio frena, sin embargo, la rotación del planeta alrededor de su eje. Como el planeta avanza mucho más rápido de lo que gira, cualquier punto dado aguarda medio año de Mercurio (unas seis semanas de la Tierra) después del amanecer para que llegue la plena luz del mediodía. El crepúsculo, por último, sobreviene al final del año. Y una vez que comienza la larga noche, debe transcurrir otro año de Mercurio para que el Sol vuelva a despuntar. De este modo, los años pasan deprisa mientras que los días se alargan sin fin.

Es muy probable que Mercurio girase más rápido sobre su eje cuando el Sistema Solar era joven. En aquel entonces, cada día suyo quizás comprendiese el número exiguo de ocho horas, y hasta un año rápido de Mercurio podría haber contenido centenares de días. Pero las mareas generadas por el Sol en el centro fundido del planeta poco a poco lastraron la rotación de Mercurio hasta su actual ritmo lento.

El día amanece sobre Mercurio con un calor blanco. El planeta no posee una atmósfera atenuante que empuje la temprana luz matutina hacia el alba de rosados dedos que canta Homero. El Sol cercano se asoma al cielo negro y cierne su enorme masa, casi el triple del diámetro del orbe familiar que vemos desde la Tierra. A falta de cualquier protección de aire que sople y contenga el calor solar, algunas regiones de Mercurio se calientan lo suficiente para derretir metales durante el día y después se enfrían hasta cientos de grados bajo cero por la noche. Aunque el planeta Venus se calienta más en general, debido a su manto espeso de gases atmosféricos, y Plutón se mantiene en conjunto más frío debido a la distancia a la que se encuentra del Sol, en ninguna parte del Sistema Solar coexisten mayores extremos de temperatura.

Los drásticos contrastes entre el día y la noche compensan la ausencia de cambios estacionales en Mercurio. Este planeta no tiene auténticas estaciones, puesto que está erguido recto en vez de apoyarse en un eje ladeado, como hace la Tierra. La luz y el calor dan siempre de lleno en el ecuador de Mercurio, mientras que los polos norte y sur, que no reciben luz directa del Sol, permanecen relativamente fríos en todo momento. De hecho, es probable que las regiones polares contengan depósitos de hielo dentro de cráteres donde el agua procedente de cometas se ha conservado en una sombra perpetua.

Mercurio elude normalmente la observación desde la Tierra ocultándose en el fulgor del Sol. Solo se vuelve visible a simple vista cuando su órbita le lleva muy al este o al oeste del Sol en los cielos de la Tierra. Cuando se producen estos «alargamientos», Mercurio puede cernirse sobre el horizonte cada mañana o cada anochecer durante días o semanas. No obstante, sigue siendo difícil verlo, porque el cielo está relativamente brillante a esas horas y el planeta es muy pequeño y está muy lejos. Incluso cuando se encuentra más cerca de la Tierra, más de 80 millones de kilómetros nos separan de Mercurio, una distancia muy remota comparada con la distancia media a que estamos de la Luna y que es solo una cuarta parte de un millón y medio de kilómetros. Además, la porción iluminada de Mercurio se reduce a una simple medialuna cuando el planeta se acerca a la Tierra. Únicamente los observadores más diligentes pueden localizarlo, y solo con buena suerte. Copérnico, atrapado entre el tiempo infame del norte de Polonia y la naturaleza recluida de Mercurio, lo tuvo peor que sus antecesores más tempranos. Como rezonga en *De Revolutionibus:* «Los antiguos tenían la ventaja de un cielo más claro; el Nilo —eso dicen— no exhala vapores tan neblinosos como los que nos emite el Vístula».

Se quejaba de más aspectos de Mercurio: «El planeta nos ha torturado con sus muchos enigmas y con la trabajosa tarea que representa explorar sus andanzas». Cuando alineó a los planetas en el universo heliocéntrico que él imaginó, se sirvió de observaciones hechas por otros astrónomos, tanto antiguos como contemporáneos. Ninguno de ellos, sin embargo, había avistado a Mercurio las veces necesarias o con la precisión exigida para ayudar a Copérnico, tal como esperaba, a establecer su órbita.

El perfeccionista danés Tycho Brahe, nacido en 1546, solo tres años después de la muerte de Copérnico, reunió un gran número de observaciones sobre Mercurio —ochenta y cinco, como mínimo— desde su castillo astronómico en la isla de Hven, donde utilizaba instrumentos fabricados por él mismo para medir las posiciones de los planetas en momentos anotados con toda exactitud. Johannes Kepler, el colega alemán de Brahe, heredó este tesoro de información y determinó las órbitas correctas de todos los planetas en 1609: «incluso del propio Mercurio».

Kepler concibió más tarde la idea de que si bien Mercurio seguía siendo difícil de ver en el horizonte, quizás pudiera atisbarlo, muy alto en el cielo, en una de las ocasiones especiales, denominadas «tránsito», en que un planeta tiene que cruzar directamente por delante del Sol. Entonces, proyectando la imagen del Sol a través de un telescopio sobre una hoja de papel, donde pudiera verlo sin ningún riesgo, rastrearía la forma oscura de Mercurio a medida que efectuaba su trayecto de varias horas desde un borde del disco solar al otro. En 1629, Kepler predijo un «tránsito de Mercurio» para el 7 de noviembre de 1631, pero murió el año anterior al suceso. En París, el astrónomo Pierre Gassendi, aleccionado por el vaticinio de Kepler, se aprestó a observar el fenómeno y después, cuando aconteció, más o menos de acuerdo con el horario previsto, y solo él lo presenció a través de nubes intermitentes, enhebró una metáfora prolongada de alusiones mitológicas.

> Ese astuto Cileno —escribió Gassendi, llamando a Mercurio con un nombre derivado de la montaña de Arcadia llamada Cilene, donde nació el dios— introdujo una niebla que cubrió la tierra y apareció más pronto y más pequeño de lo esperado, para que no lo detectaran o reconociesen. Pero

> acostumbrado a las tretas que utilizaba incluso en su infancia [es decir, el precoz robo de los rebaños de Apolo], Apolo nos favoreció y lo organizó de modo que, aunque pudo acercarse sin que lo observaran, no pudo marcharse sin que nadie lo viera. Me fue concedido retener un poco sus sandalias aladas cuando huían. Soy más afortunado que muchos de aquellos observadores de Hermes que acecharon el tránsito en vano, y lo vi donde nadie lo ha visto hasta ahora: por decirlo así «en el trono de Febo», reluciente de esmeraldas.[2]

El asombro de Gassendi por la llegada anticipada de Mercurio —alrededor de las 9 de la mañana, mientras que la predicción la situaba al mediodía— no puso en entredicho a Kepler, que había tenido la cautela de aconsejar a los astrónomos que comenzaran a buscar el tránsito la víspera, el 6 de noviembre, por si se había equivocado en sus cálculos, y que por este mismo motivo continuaran su vigilia el día 8, si no sucedía nada el día anterior. Sin embargo, el comentario de Gassendi sobre el pequeño tamaño de Mercurio causó una gran sorpresa. En su informe formal resaltó su asombro por la pequeñez del planeta y explicó que, al principio, había desestimado el punto negro como si fuese una mancha solar, pero poco después cayó en la cuenta de que se movía a tal velocidad que solo podía tratarse del propio mensajero alado. Gassendi había previsto que el diámetro de Mercurio fuese una decimoquinta parte del diámetro del Sol, tal como había calculado Tolomeo mil quinientos años antes. Por el contrario, el tránsito reveló que Mercurio solo tenía una fracción de esa dimensión: menos de un centésimo de la anchura aparente

2. Gassendi cita aquí a Ovidio, al referirse al dios del Sol Apolo por su otro nombre, Febo.

del Sol. La ayuda del telescopio, junto con la visión realizada por Gassendi de Mercurio perfilado contra el Sol, le había despojado del resplandor borroso y amplificado que le caracterizaba sobre el horizonte.

En el curso de las décadas siguientes, instrumentos precisos de medición, instalados en telescopios perfeccionados, ayudaron a los astrónomos a reducir el tamaño de Mercurio al actual y reconocido de 4.907 kilómetros de ancho, o bien menos de un tricentésimo del diámetro real del Sol.

Al final del siglo XVII, las atracciones místicas y magnéticas entre el Sol y los planetas se habían sustituido por la fuerza de la gravedad, introducida en 1687 por sir Isaac Newton en su obra *Principia Mathematica.* Pareció que los cálculos de Newton y la ley de la gravedad universal daban a los astrónomos control sobre los mismos cielos. Ahora podía computarse correctamente la posición de cualquier cuerpo celeste en cualquier hora de cualquier día, y si los movimientos observados diferían de los previstos, los cielos quizás se vieran forzados a revelar un nuevo planeta que explicase esta discrepancia. De este modo fue «descubierto» Neptuno con papel y lápiz en 1845, un año entero antes de que alguien lograse localizar al cuerpo lejano por medio de un telescopio.

El mismo astrónomo que acertó en su predicción de la presencia de Neptuno en el margen exterior del Sistema Solar dirigió su atención más tarde a Mercurio. En septiembre de 1859, Urbain J. J. Leverrier, del Observatorio de París, anunció con cierta alarma que el punto de perihelio de la órbita de Mercurio se desplazaba ligerísimamente con el paso del tiempo, en vez de regresar al mismo punto en cada órbita, como exigía la mecánica de Newton. Leverrier sospechó que la causa era la atracción de otro planeta, o incluso un enjambre de pequeños cuerpos interpuestos entre Mercurio y el Sol. Leverrier recurrió a la mitología en busca de un nombre adecuado y llamó a su mundo invisible Vulcano, como el dios del fuego y de la fragua.

Aunque el inmortal Vulcano había nacido cojo y siempre caminó renqueando, Leverrier insistió en que Vulcano cuadruplicaba en su órbita la velocidad de Mercurio y realizaba un mínimo de dos tránsitos al año por delante del Sol. Pero todos los intentos de observarlos fracasaron.

A continuación, los astrónomos buscaron a Vulcano en los cielos diurnos oscurecidos alrededor del Sol durante el eclipse solar total de julio de 1860, y de nuevo en el eclipse de agosto de 1869. Para entonces, diez años de infructuosas tentativas habían generado suficiente escepticismo para que el astrónomo norteamericano Christian Peters se mofara: «No me voy a tomar la molestia de buscar las aves míticas de Leverrier».

«Mercurio fue el dios de los ladrones —bromeó el observador francés Camille Flammarion—. Su compañero roba como un asesino anónimo.» Sin embargo, la búsqueda de Vulcano continuó tras el cambio de siglo, y había astrónomos que seguían elucubrando sobre su paradero en 1915, el año en que Albert Einstein dijo a la Academia Prusiana de Ciencias que la mecánica de Newton fallaría donde la gravedad ejerciera su máxima fuerza. Einstein explicó que, en inmediaciones del Sol, un intenso campo gravitatorio deformaría el espacio mismo, y cada vez que Mercurio se aventuraba a entrar allí, se aceleraba más de lo que Newton había previsto.

«¿Te imaginas mi alegría —escribió Einstein a un colega en una carta—, cuando las ecuaciones del perihelio demostraron ser correctas? La emoción me privó del habla varios días.»

Vulcano cayó del cielo, como Ícaro, de resultas de las

declaraciones de Einstein, y Mercurio conquistó nueva fama por el papel que había desempeñado en impulsar la comprensión del cosmos.

Aun así, Mercurio frustraba a los observadores que querían saber qué aspecto tenía. Un astrónomo alemán sostuvo que una densa capa de nubes envolvía por completo su superficie. En Italia, el milanés Giovanni Schiaparelli decidió buscar el planeta en el cielo diurno, a pesar del fulgor del Sol, con la esperanza de obtener visiones más claras. Apuntando el telescopio hacia arriba en el cielo del mediodía, en vez de horizontalmente al amanecer o en el crepúsculo, Schiaparelli evitó el aire turbulento sobre el horizonte terrestre y también logró mantener avistado a Mercurio durante horas seguidas. A partir de 1881, privándose de café y de whisky para que no se le nublara la vista, y renunciando al tabaco con el mismo fin, observó cada alargamiento del planeta. Pero la palidez de Mercurio contra el cielo diurno desbarató sus esfuerzos por percibir características de su superficie. Al cabo de ocho años de esta hercúlea tarea, de lo único que Schiaparelli pudo informar fue de que «solo con la mayor atención y esfuerzo —dijo— se distinguen vetas sumamente tenues». Dibujó estas vetas, incluida una que adoptaba la forma de un número cinco, en un tosco mapa de Mercurio que publicó en 1889.

Le siguió otro más detallado en 1934, trazado por Eugène Antoniadi como culminación de un decenio de estudios en el Observatorio de Meudon, a las afueras de París. El propio Antoniadi confesó que había visto poco más que Schiaparelli, pero como era un dibujante excelente y poseía un telescopio mejor, dio un sombreado más perfecto a las débiles marcas y las bautizó con asociaciones clásicas de Mercurio: Cilene (por la montaña natal del dios); Apolonia (por su hermanastro); Caduceata (por su vara mágica) y

Solitudo Hermae Trismegisti: la soledad de Hermes, el tres veces grande. Aunque estas alusiones han desaparecido de los mapas modernos, hay dos crestas prominentes descubiertas en Mercurio por las cámaras espaciales que ahora se denominan Schiaparelli y Antoniadi.

Los dos presumieron, dada la persistencia de las características que discernieron durante largas horas de observación, que solo una cara de Mercurio era siempre visible. Pensaron que el Sol había encerrado al pequeño planeta en una pauta que inundaba de luz y calor uno de sus hemisferios mientras que dejaba al otro en permanente oscuridad. Del mismo modo, muchos de sus contemporáneos y la mayoría de sus seguidores hasta mediados de 1960 creyeron que Mercurio mantenía un «día» eterno en un lado y una «noche» en el otro. Pero es distinta la fórmula con la que el Sol influye en la rotación y la revolución de Mercurio: el planeta gira sobre su eje una vez cada 58,6 días, un ritmo relacionado con su período orbital, de modo que completa tres giros sobre su eje por cada dos rotaciones alrededor del Sol.

La cadencia 3:2 afecta a los observadores de la Tierra al ofrecerles repetidamente la misma cara de Mercurio seis o siete veces seguidas. Schiaparelli y Antoniadi contemplaron una cara invariable a lo largo de sus estudios, y hay que perdonarles que extrajeran conclusiones erróneas sobre su rotación, ya que el comportamiento del planeta les indujo a equivocarse.

En el curso del siglo XX, y también en el XXI, Mercurio ha seguido siendo un objetivo difícil. Hasta el telescopio espacial Hubble, que orbita por encima de la atmósfera terrestre, evitaba mirarlo por miedo a apuntar sus delicados instrumentos ópticos tan peligrosamente cerca del Sol, y una sola nave espacial ha arrostrado hasta ahora el calor y la radiación hostiles del entorno próximo de Mercurio.

El *Mariner 10*, emisario de la Tierra, voló al lado de Mercurio dos veces en 1974 y otra más en 1975. Transmitió miles de fotos y mediciones de un paisaje infestado de agujeros de cráter, desde hondonadas pequeñas a cuencas gigantescas. Oscuras o claras huellas de residuos señalaban los lugares donde ataques más recientes habían arrumbado los escombros de otros más antiguos. Los flujos de lava entre las cicatrices del impacto habían aplanado algunas de las depresiones, pero en conjunto el pobre y maltrecho Mercurio conservaba un claro registro de la era, concluida hace casi 4.000 millones de años, en que fragmentos sobrantes de la creación del Sistema Solar amenazaban a los planetas en ciernes.

La más violenta agresión sufrida le dejó una herida de 1.287 kilómetros de anchura, que fue llamada Caloris Basin ('la cuenca del calor'). Las montañas de la cuenca, de más de mil quinientos metros de altura, debieron de haber surgido como reacción del formidable choque que la creó, y por todas partes alrededor de las montañas hay otros indicios de perturbaciones en riscos y terrenos fragosos que se extienden a lo largo de centenares de kilómetros. La colisión en Caloris generó asimismo una onda expansiva hasta el denso y metálico interior de Mercurio y provocó terremotos que levantaron la corteza en el lado lejano de este mundo y lo hicieron pedazos.

Los fotomontajes del *Mariner 10*, que captaron menos de la mitad de la superficie de Mercurio, revelaron una red de escarpaduras y líneas de fallas que indican que las dimensiones iniciales del planeta entero debieron de haber encogido hasta su tamaño actual. Cuando se contrajo el interior de Mercurio, la corteza global se reajustó para adaptarse al mundo súbitamente más pequeño, como si el dios Mercurio se disfrazase, en una de sus triquiñuelas furtivas.

Tras una interrupción de las exploraciones durante treinta años, una nueva misión denominada *Messenger* (siglas de Superficie de Mercurio, Entorno Espacial, Geoquímica y Exploración en inglés)[3] viaja hacia Mercurio. Lanzada en agosto de 2004, pero incapaz de volar tan rápida o directamente como su tocayo, la nave no llegará a las inmediaciones del planeta hasta enero de 2008. Nada más avistarlo, *Messenger* empezará a trazar un mapa detallado, tarea que requiere tres aproximaciones en el curso de los tres años siguientes, mientras la nave espacial orbita alrededor del Sol, protegida por una sombrilla de tela cerámica. Después, en marzo de 2011, *Messenger* maniobrará para entrar en la órbita del propio Mercurio y emprender una odisea de un año (medido en tiempo terrestre) con el fin de controlar el planeta durante dos de sus largos días. Orbitando Mercurio rápida y repetidamente cada doce horas, la misión actuará como un nuevo oráculo que emana respuestas a las preguntas formuladas por inquietos investigadores de la Tierra.

3. Las siglas en inglés corresponden a MErcury Surface, Space ENvironment, GEochemistry and Ranging. *(N. del T.)*

4

Belleza

Pues una brisa matinal se mueve
y el planeta del amor está en lo alto
y comienza a apagarse en la luz que ella ama
sobre un fondo de cielo narciso,
apagarse en la luz del sol que ella ama,
apagarse en su luz y a morirse.

ALFRED, LORD TENNYSON,
Maud

Ya «estrella matutina», ya «estrella vespertina», el brillante ornato del planeta Venus sirve de preludio al Sol naciente o de posdata al crepúsculo.

Durante meses enteros Venus salta sobre el horizonte oriental antes del alba y se demora allí al amanecer, la última almenara de la noche que se apaga. Comienza a hacer esas apariciones matinales cerca del Sol en el tiempo y en el espacio, con lo que llega a un cielo que se aclara. Pero a medida que transcurren los días y las noches, despunta antes y se distancia más del Sol, alzándose cuando el alba es todavía una idea lejana. Al final llega al extremo de su soga y el Sol lo reclama y le obliga a despuntar un poco más tarde cada noche, hasta que de nuevo le da alcance al día. Después Venus desaparece por completo durante el tiempo que tarda en pasar por detrás del Sol.

Al cabo de un promedio de 50 días, reaparece en el otro lado del Sol, en el cielo vespertino, para ocupar durante meses el puesto de estrella de la noche. Venus, cuyo brillo despunta cuando el Sol se pone, domina en solitario el crepúsculo. Los primeros atardeceres la descubren bañada en los arreboles del horizonte occidental, pero al final vierte su luz desde lo alto, y preside el nacimiento de la noche. ¿Quién sabe cuántos niños despilfarran deseos en ese planeta antes de que la oscuridad creciente traiga a las estrellas?

> Ángel rubio de la tarde,
> ahora que el sol descansa en los montes,
> enciende la tea brillante de tu amor; ¡ciñe
> tu corona radiante y sonríe a nuestro lecho vespertino!
> Sonríe a nuestros amores y, al correr las cortinas
> azules del cielo, esparce tu rocío plateado sobre cada
> flor que cierra sus dulces ojos en oportuno sueño.
> Que tu viento del oeste duerma aún sobre el lago;
> ordena silencio con tu mirada titilante
> y limpia el crepúsculo con plata.

William Blake,
Al lucero de la tarde

Horas después de haber anochecido, Venus sigue brillando más que cualquier otra luz, a no ser que la Luna se inmiscuya para superarlo. La Luna parece más grande y luminosa por el hecho de que se halla cien veces más cerca de nosotros, pero Venus es mucho más grande y blanco. El manto de nubes venusiano, de un color blanco amarillento, refleja la luz con mucha más eficacia que la superficie lunar, parda y cubierta de polvo. Prácticamente el 80 por ciento de la luz que el Sol prodiga sobre Venus resbala en la cima de las nubes y es devuelta al espacio, mientras que la Luna refleja un mero 8 por ciento.

La proximidad a la Tierra acrecienta el brillo notable de Venus. En su cercanía máxima, se encuentra a unos 39 millones de kilómetros de nosotros, más cerca que ningún otro planeta. (Marte, el segundo más cercano, siempre está, como mínimo, a más de 56 millones de kilómetros de distancia.) Incluso cuando Venus y la Tierra están entre sí lo más lejos posible, separados por más de 241 millones de kilómetros, Venus conserva su fulgor superlativo para los observadores terrestres. En la escala de «magnitud aparente» que los astrónomos utilizan para comparar el brillo relativo de los cuerpos celestes, Venus supera con mucho a las estrellas más luminosas.[1]

> ¿Qué poderoso cimbel te atrae, qué espíritu
> te llama, lucero vespertino? Luminoso aún,
> como si cuanto más cerca de la morada
> humana más querido se hiciese cada noche.

WILLIAM WORDSWORTH,
Al planeta Venus

1. Las estrellas de luz más débil a simple vista son las de la sexta magnitud. Las de la primera son cien veces más brillantes, y las brillantísimas se sitúan en cero o incluso en –1. En su fase brillante Venus alcanza –4,6, la Luna llena –12 y el Sol –27.

Como es natural, cuanto más cerca está Venus de la Tierra, más brillante aparece. Sin embargo, como en sus apogeos de fulgor, el globo de Venus en realidad disminuye de pleno a giboso a través de la fase menguante y después creciente. Al igual que la Luna, Venus cambia de forma a medida que avanza a lo largo de su órbita, y para cuando alcanza su aspecto más próximo y nítido en nuestro cielo, solo una sexta parte de su disco visible sigue iluminado. Pero la cercanía estira mucho esta pequeña rodaja, lo que permite que la brillantez percibida de Venus aumente incluso mientras adelgaza y mengua.

Galileo, cuyo telescopio le permitió descubrir las fases de Venus, las representó de esta manera.

Observar a Venus a través de un telescopio o de unos prismáticos todas las noches durante meses muestra cómo aumenta de altura y de brillo a medida que su disco se reduce, y viceversa. No obstante, poca cosa más se manifiesta, ya que ninguna de las características de la superficie venusiana puede avistarse a través de su manto de nubes.

En suma, las mismas nubes que explican su visibilidad ostensible también le sirven para ocultarla.

Los que saben dónde mirar pueden a veces discernir la estable luz blanca de Venus contra el trasfondo azul claro de un cielo plenamente diurno. Napoleón localizó a Venus de este modo cuando pronunciaba un discurso al mediodía desde el balcón del palacio en Luxemburgo, e interpretó esta aparición en pleno día como la promesa (más tarde cumplida) de una victoria en Italia.

Las noches sin Luna en que Venus está cerca, su luz intensa arroja suaves e inesperadas sombras sobre la palidez de los muros y los suelos. La débil silueta de una sombra de Venus, que escapa a la observación de una mirada directa que aprecia todos los colores, a menudo se capta con miradas de soslayo que favorecen la agudeza de la visión periférica en blanco y negro. Pero por muy ávidamente que persigas la esquiva sombra venusiana mirando de soslayo o con los ojos entrecerrados, tu búsqueda puede ser infructuosa, mientras que, en lo alto, como burlándose de ti, el fulgor del planeta imita la luz de aterrizaje de un avión que desciende y hasta provoca informes policiales sobre objetos voladores no identificados.

> Me paré a felicitarte por la estrella
> cuya hermosura extraes donde tú estás.
> Al verla así, brillante y única en la luz
> crepuscular, parecería que era el sol
> que no se hubiese puesto como debería,
> sino que en el propio cielo se encogiera
> despacio y, de tan pequeño, se esfumase casi,
> pero ahí sigue espiando la oscuridad creciente
> como un muerto autorizado a vivir lo suficiente
> para comprobar si le echan mucho de menos.

No vi ponerse el sol. ¿Se puso?
¿Alguien jurará que no lo hizo?...

ROBERT FROST,
El granjero ilustrado y el planeta Venus

Antiguas leyendas celebran la belleza del planeta Venus declarando que no solo es divino, sino femenino, quizás debido a que sus visitas duraban, por lo general, unos significativos nueve meses. Aunque completa su órbita alrededor del Sol en solo 224 días terrestres, los propios movimientos orbitales de la Tierra ayudan a gobernar la conducta observada de Venus. Visto desde la Tierra en movimiento, tarda un promedio de 260 días ya como estrella de la mañana o como estrella de la tarde, coincidiendo con el período de gestación humana de 255 a 266 días.

Los caldeos lo llamaron Istar, la diosa del amor que subía a los cielos, y para los sumerios semíticos era Nin-si-anna, «la Señora de las Defensas del Cielo». Su nombre persa, Anahita, lo asociaba con la fecundidad. La naturaleza doble de Venus (amanecer y ocaso) lo hacía ser, por turnos, virgen o vampiresa para sus fieles.

Istar se metamorfoseó en Afrodita, la encarnación griega del amor y la belleza. Pasó a ser la Venus de los romanos, venerada por el historiador Plinio por esparcir un rocío vital que excita la sexualidad de las criaturas terrenales. En China, Venus combinaba los géneros masculino y femenino en un matrimonio formado por el marido, la estrella de la tarde, Tai-po, y su mujer, la estrella de la mañana, Nu Chien.

Parece ser que solo los mayas y los aztecas de Centroamérica consideraron que Venus era claramente masculino, el hermano gemelo del Sol. Las rítmicas asociaciones entre Venus y el Sol inspiraron meticulosas observaciones astronómicas y complejos cálculos de calendario en ambas culturas, así como ritos sangrientos para reconocer el descenso del planeta al infierno y su resurrección posterior.

En Norteamérica, entre los skidi pawnee, la veneración de Venus implicaba sacrificios humanos que garantizasen su retorno. La última adolescente de quien se sabe que murió víctima de tales cultos fue secuestrada y asesinada ceremonialmente el 22 de abril de 1838.

Como un símbolo de hermosura, Venus figura en tres cuadros de Vincent Van Gogh. Su *Noche estrellada*, de junio de 1889, el mejor ejemplo conocido, la pinta como el orbe brillante y bajo, al este del pueblo de Saint-Rémy, durante la época en que la demencia del artista le tuvo recluido en un manicomio local. Asimismo, los historiadores de arte y los astrónomos no han dudado en identificar a Venus en *Camino con ciprés y estrella*, que Van Gogh terminó a mediados de mayo de 1890, la víspera de abandonar Saint-Rémy. Pocas semanas después, en Auvers-sur-Oise, cerca de París, donde creó ochenta obras en los dos meses anteriores a su suicidio, Van Gogh describió a Venus por última vez, rodeado por un halo centelleante y sobrevolando la chimenea oeste de *Casa blanca de noche*.

> Venus viaja... pero mi voz flaquea;
> toscos ripios afrentan su belleza,
> cuyos pechos y frente, cuyo dulce aliento
> a las galaxias embrujan.
>
> C. S. Lewis,
> *Los planetas*

Si ha habido mundos que inviten a compararlos, sin duda son las hermanas Tierra y Venus, pues son planetas de un tamaño casi idéntico, y orbitan alrededor del Sol a distancias similares. Los tempranos descubrimientos sobre Venus desde suelo terrestre —en especial el del astrónomo y poeta ruso Mijaíl Lomonósov, que detectó su atmósfera en 1761— alentaron fantasías muy extendidas de una morada suntuosa, muy semejante a la vida en la Tierra.

Sin embargo, una investigación reciente solo ha puesto de manifiesto los contrastes más enormes entre los dos planetas. Aunque en una época anterior Venus probablemente poseyó muchos de los atributos terrenales, entre ellos unos mares antaño abundantes, toda el agua se ha evaporado de su superficie. Ahora se agosta y se cuece bajo un cielo oscurecido que obstruye la luz, pero retiene el calor, y su suelo soporta una intensa presión.

Las diez naves espaciales rusas *Venera y Vega*, que aterrizaron con éxito en Venus entre 1970 y 1984, apenas tuvieron tiempo de sacar unas pocas fotos y llevar a cabo algunas mediciones antes de sucumbir a las duras condiciones. Más o menos una hora después de su llegada, todos los vehículos se derritieron por el calor o quedaron aplastados bajo una presión atmosférica equiparable a la submarina que existe en la Tierra, a casi novecientos metros por debajo del nivel del mar.

Los descubrimientos de las drásticas diferencias entre la Tierra y Venus produjeron una sorpresa que a veces se expresaba en términos morales, como si una hermana hubiera seguido la trayectoria correcta y la otra se hubiese descarriado. No obstante, Venus, la hermana díscola, refiere a los negligentes seres humanos un importante cuento con moraleja, pues su entorno hostil demuestra que incluso pequeños efectos atmosféricos pueden conspirar con el tiempo para convertir un paraíso terrenal en un caldero de fuego infernal. De hecho, muchos de los estudios vigentes sobre Venus aspiran a salvar a la humanidad verificando, por ejemplo, la destrucción que los compuestos de cloro siembran en nubes altas.

> ¿Eres, entonces, un mundo como el nuestro,
> expulsado del orbe que nos hizo rotar,
> un guijarro fundido que llegó de esa zona?
> ¡Cómo deben las arenas ardientes
> absorber las llamaradas de la candente
> esfera, tu cadena tan corta, tu senda tan cercana,
> tus criaturas retadoras del fuego oír
> las vorágines de la fotosfera!
>
> OLIVER WENDELL HOLMES,[2]
> *El flâneur*

Sin duda, las diferencias entre la Tierra y Venus comenzaron en la juventud de ambas, cuando el Sol calentaba más a la más próxima de las hermanas. El Sol caldeaba las aguas de Venus hasta que se elevaron en forma de vapor, hasta que el vapor de agua y el aliento caliente de las erupciones volcánicas envolvieron el planeta. Aquellos gases actuaron entonces como el cristal de un invernadero: permitieron que el calor del Sol llegara a la superficie de Venus, pero no consintieron que el calor huyese. En lugar de disiparse en el espacio, rebotó en el nivel del suelo y calentó la superficie unos centenares de grados más.

Mucho más arriba de Venus, la luz solar disolvía el va-

2. Holmes, físico de profesión y profesor de Anatomía en Harvard, así como poeta, ensayista, novelista y astrónomo aficionado, escribió este poema después de observar un tránsito de Venus el 6 de diciembre de 1882.

por de agua en sus componentes, hidrógeno y oxígeno, y el hidrógeno, más ligero, huía del planeta. El oxígeno se quedaba; se recombinaba con las piedras en la superficie de Venus y con los gases expelidos por volcanes para crear una atmósfera compuesta casi por completo (el 97 por ciento) de anhídrido carbónico, el más pernicioso y eficaz de todos los gases de invernadero. Hoy, aunque solo una gota de energía solar penetrara en el manto de nubes de Venus y llegara a la superficie, el efecto invernadero mantendría la temperatura por encima de 426 °C alrededor del planeta, la cara diurna y la nocturna, incluso en los polos. ¿Hielo en Venus? ¿Agua líquida? Imposible, aunque sí surcan el cielo rastros de vapor de agua.

El abundante anhídrido carbónico ejerce sobre el territorio caliente de Venus una presión noventa veces superior a la de la atmósfera terrestre. Encima y a ras de la superficie, donde los robots exploradores rusos hicieron sus breves investigaciones, el aire venusiano es espeso pero transparente y permitió a las cámaras de las naves espaciales divisar con claridad el horizonte en la tenue luz disponible. Toda la luz era roja. Puesto que solo las largas y rojas longitudes de onda de la luz sobreviven al traspasar el dosel de nubes, el paisaje se presenta monocromo, con los tonos sepia de las fotografías antiguas. Cuando la noche borra incluso esta luz de baja intensidad, el panorama brilla en la oscuridad. Sus rocas al rojo vivo, calentadas hasta la mitad de su punto de fusión por el calor y la presión ambientes, se asemejan a las ascuas de un fuego.

Las nubes están situadas a unos 32 kilómetros de la superficie, en capas de unos 24 kilómetros de espesor, y no admiten boquetes en su cobertura. Impiden que el Sol se asome siquiera durante el curso completo del largo día venusiano. El planeta gira tan despacio que un solo día tarda en transcurrir, desde el amanecer hasta el ocaso, lo que en la Tierra serían dos meses. Signos difusos de la luz solar se esparcen poco a poco de un horizonte al otro a medida que pasan las horas, pero incluso las más brillantes del día tienen una luz tan tenue como la crepuscular. De noche, ni estrellas ni otros planetas atraviesan nunca el manto perpetuo de nubes.

Las nubes venusianas contienen gotitas grandes y pequeñas de auténtico vitriolo: ácido sulfúrico junto con componentes cáusticos de cloro y flúor. Precipitan una constante lluvia ácida, llamada virga, que se evapora en el aire caliente y árido de Venus antes de tener la oportunidad de tocar suelo.

Los científicos sospechan que es posible que una nueva inyección de azufre procedente del levantamiento tectónico global de Venus rehaga las nubes cada varios cientos de millones de años, pero de no ser así es probable que no se disipen nunca.

En su capa más alta, las nubes venusianas despliegan remolinos oscuros cuando se les proyecta luz ultravioleta. Estas manchas experimentan un cambio rápido que revela la velocidad a la que circulan las nubes —unos 354 kilómetros por hora—, al circundar Venus cada cuatro días de la Tierra, impulsadas por vientos fortísimos. En capas más bajas de la atmósfera, los vientos amainan gradualmente hasta llegar a la superficie, donde más que soplar se deslizan por el planeta a una velocidad de entre tres y seis kilómetros por hora.

Lentos o rápidos, los vientos siempre soplan hacia el oeste, la misma dirección hacia la que gira Venus. A diferencia de todos los demás planetas, Venus gira hacia el oeste, aun cuando rota hacia el este con ellos alrededor del Sol. Si se viera despuntar al Sol en Venus, saldría por el oeste y se pondría por el este. Los astrónomos atribuyen esta rotación retrógrada a alguna colisión violenta que dio la vuelta a Venus en los comienzos de su historia. Este mismo impacto teórico explicaría su ritmo rotatorio tan lento, o quizás sea el Sol el que le impide el giro levantando mareas en el vasto océano del aire venusiano.

En lo más hondo de aquel
libidinoso albedo
hay temperaturas tan altas
que hierve el plomo,
presiones
90 veces más implacables
que las terráqueas.
Y aunque capas de nubes
y estratos de neblina
parece que respiran
como fuelles colosales,
que palpitan y suspiran
cada 4 días,
el capullo venusiano
no es una feliz crisálida
que cría una libélula
o que insufla vida
a una reticente larva,
sino una resoplante atmósfera
de cuarenta millas de grosor
y de ácido sulfúrico, clorhídrico
y fluorhídrico
transpirando
como un terrario universal,
letal, agrio, egocéntrico.

Diane Ackerman,
Venus

Después de ocultarse durante una eternidad detrás de su atmósfera en ebullición, la superficie de Venus ha capitulado ante el examen por radar de telescopios situados en la Tierra y de una serie de naves espaciales en órbita. El más perfecto de estos emisarios, el *Magallanes*, circunnavegó Venus ocho veces al día durante ocho años a partir de 1990.[3] El *Magallanes* definió la cara incierta del planeta en rasgos definidos, la mayoría de los cuales resultaron ser volcanes de todas las variedades sobre llanuras pavimentadas de lava.

La súbita identificación que hizo el *Magallanes* de millones de formas terrestres fomentó una crisis en la nomenclatura. La Unión Astronómica Internacional reaccionó con un proyecto de nombres femeninos que evocaban a una diosa o una giganta de cada cultura y época, junto con heroínas reales o inventadas. De este modo, las tierras altas venusianas, el equivalente de los continentes terrestres, adquirieron los nombres de diosas del amor —Afrodita Terra, Istar Terra, Lada Terra— y centenares de sus colinas y valles fueron bautizados con nombres de diosas de la fertilidad y del mar. Unos grandes cráteres conmemoran mujeres notables (entre ellas, la astrónoma norteamericana Maria Mitchell, que fotografió en 1882 el tránsito de Venus desde el observatorio del Vassar College), mientras que otros pequeños llevan nombres de pila femeninos. Las escarpaduras de Venus honran a las siete diosas del hogar, los oteros a las del mar, los riscos a las del cielo y así sucesivamente, de un lado al otro de llanuras bajas bautizadas según mitos y leyendas con las contrapartidas de Helena y

3. La nave espacial fue bautizada así en honor del explorador portugués Fernando Magallanes, que planeó la primera circunnavegación de la Tierra y zarpó de España con cinco naves en 1519. Aunque murió en la travesía durante una batalla en Filipinas, uno de sus barcos y una tripulación exigua completaron la misión y regresaron a España en 1522.

Ginebra, y en cañones llamados como diosas de la Luna o cazadoras.

El único nombre masculino en el mapa de Venus —la gran cordillera de los Montes Maxwell— pertenece al físico escocés James Clerk Maxwell, que llevó a cabo en el siglo XIX una obra pionera en el campo de la radiación electromagnética. Pareció idóneo dar su nombre a los picos de ocho kilómetros de altura detectados en la década de 1960 por medio de estudios de radar con base en la Tierra que los hallazgos de Maxwell habían hecho posible. Durante varias décadas después del descubrimiento, los Montes Maxwell siguieron siendo el único rasgo epónimo del planeta, mientras que las regiones bajas a ambos lados de los montes se denominaban simplemente Alfa Regio y Beta Regio (región «A» y región «B»). Cuando llegó el *Magallanes*, treinta años después, y sus revelaciones dieron paso a nombres derivados de la historia de las mujeres, nadie quiso expulsar a Maxwell de su lugar legítimo en Venus.

> Las caras en la multitud, sí,
> y los ecos débiles que llegan
> de los montes de frente rocosa,
> y las luces que bailan en el agua...
> Todo lo que hechiza mis sentidos erráticos,
> me repite mis pensamientos en voz alta,
> todos los gozos de la verdad realzan
> y aplastan las cosas de las que estoy orgulloso.

JAMES CLERK MAXWELL,
Meditaciones reflejas: Reflexiones desde diversas superficies[4]

4. El físico era poeta aficionado y publicó cuarenta y tres poemas.

Las imágenes de radar del *Magallanes* parecen fotos aéreas de reconocimiento tomadas de noche, a pesar de que, en vez de proporcionar un registro visual, sus blancos y negros reflejan las diversas texturas de la belleza de Venus: cientos de miles de pequeños volcanes resaltan como brillantes (ásperas) protuberancias contra el oscuro (terso) telón de fondo de las llanuras. En las laderas de volcanes gigantescos, brillantes capas (nuevas) de lava se envuelven con oscuros flujos (antiguos). Faldas de montañas que relucen en el resplandor del radar parecen alardear de cuestas envueltas en un barniz de metal reflectante, quizás pirita de hierro, que se adhiere a las rocas venusianas a unas docenas de metros de altura, donde las temperaturas son más frías.

Grabada en estas imágenes, Venus revela sus peculiaridades únicas, como por ejemplo los volcanes traslapados de «cúpula en crep», que se alzan desde bases sorprendentemente redondas hasta cumbres planas o en forma de montículos suaves, y sus numerosas «coronas» o conjuntos de círculos concéntricos que rodean ornamentalmente tantas de sus cúpulas, depresiones y grupos de pequeños volcanes. Ríos de lava excavaron los largos cauces ribereños que serpentean a lo largo de sus amplias llanuras. En sus altiplanos, pliegues y fallas tectónicas decoran varios miles de kilómetros cuadrados, formando suelos disparatados de baldosas que en la actualidad se llaman «teselas». En la lava extrudida y el terreno agrietado de Venus, los dibujos que a los científicos les recordaron anémonas de mar y telarañas pasaron a llamarse «volcanes anémonas» y «aracnoides».

Una vez reunida su colección de retratos de radar, los especialistas en Venus realzaron con color muchas de las imágenes para obtener una resolución mejor. Eligieron una gama apocalíptica, comenzando por el tono rojizo de las primeras fotos sacadas por *Venera*, la nave espacial rusa, y siguiendo por las tonalidades ocre, sombra, siena, cobre, calabaza y oro. Los vibrantes colores casan con el paisaje abrasado, la piedra vomitada como lava y que aún conserva su consistencia parecida al plástico, los macizos que suben a gran altura sin endurecerse nunca más que un caramelo masticable. Los tonos vivos favorecen la faz juvenil de un planeta que solo recientemente (dentro de los últimos quinientos millones de años) volvió a pavimentar sus auténticas avalanchas de lava, que brotaron y cubrieron casi todos los vestigios (alrededor del 85 por ciento) de su antiguo pasado.

Pocos cráteres, relativamente, afean el rostro nuevo de Venus, puesto que el ritmo de formación durante los últimos 500.000 años se ha reducido mucho desde los albores del Sistema Solar. Muchos pequeños aspirantes a intrusos se evaporan al cruzar la espesa atmósfera y nunca tocan suelo, por lo que solo los invasores más grandes llegan a la superficie intactos. Estas colisiones producen abundantes detritos, pero todos los escombros abrazan los márgenes del cráter a modo de pulcros festones, como si los contuviera allí el aire pesado. Asimismo, la atmósfera puede haber aplacado la furia de los volcanes venusianos, obligando a la lava expelida a filtrarse y manar en vez de erupcionar con una fuerza explosiva.

Aunque el *Magallanes* no presenció desbordamientos durante los años en que observó Venus, algunos de sus volcanes quizás sean muy activos. Ahora mismo, los gases sulfurosos de las fumarolas venusianas podrían estar ascendiendo hasta las nubes que envuelven el planeta para acrecentarlas y sustentarlas, y de este modo garantizar el brillo duradero de Venus ante nuestra mirada. La hermosa apariencia de pureza invulnerable hizo de Venus la predilecta de los poetas del Romanticismo, cuyas palabras siguen siendo las que mejor expresan su efecto sobre el azul terciopelo de las noches: «un gozo eterno», como dijo Keats, «una luz alentadora / para nuestra alma». Pero las nuevas odas a Venus, inspiradas por impresiones informadas de su belleza salvaje, tendrán que encontrar ritmos vigorosos para describirla y, quizás, prescindir de la rima.

5

Geografía

Para dibujar el mapa del mundo, hay que empezar por el centro del universo. Es donde el astrónomo Tolomeo emprende su proyecto de geografía en el siglo II. Tras haber compilado su famoso libro de astronomía, el *Almagesto*, en el año 150, Tolomeo aborda el problema de organizar las 8.000 localidades conocidas de la tierra en sus posiciones relativas correctas. Es difícil intentar trazar el mapa del suelo antes de dominar el cielo, porque necesita que el Sol y las estrellas guíen la ubicación de cada punto terrestre. Tolomeo sabe que sin astronomía no puede haber geografía.

En términos ideales, desea observar hacia qué lado se proyecta su propia sombra al mediodía, en determinados días del año, en capitales lejanas; ver qué constelaciones aparecen allí de noche, en el curso de las estaciones, y advertir si los planetas pasan directamente por encima o ascienden solo parcialmente en el cielo. Ay, Tolomeo no puede aventurarse tan lejos. Aunque las esferas celestes giran alrededor del Sol, la Luna, los planetas y mil estrellas visibles, los extremos de la Tierra se le escapan.

Amarrado a su mesa de mapas de Alejandría, Tolomeo explora el mundo por medio de obras de cartógrafos anteriores —a menudo negligentes— y los informes balbucientes de viajeros. De este modo oye las distintas versiones que sobre la distancia que separa Libia del país «donde los rinocerontes se reúnen» dan los oficiales del ejército romano, como una marcha forzada de tres —o cuatro— meses de duración, sin referencias al número de días de descanso en el trayecto o ni siquiera a la precisa dirección que han seguido.

¡Si al menos los que gozan de la oportunidad de viajar, lamenta Tolomeo en *Geografía*, su manual para cartógrafos, hicieran caso de los hitos astronómicos! Dice que los eclipses lunares, que pueden tener lugar incluso una vez cada seis meses, facilitan el medio de ubicar de un solo golpe series enteras de emplazamientos en sentido este u oeste. Por desgracia, como señala Tolomeo, este servicio potencial de la cartografía no se explotó durante los quinientos años anteriores: desde el eclipse lunar del 20 de septiembre del 331 a. C., cuando Alejandro Magno se enfrentó con Darío de Persia en el campo de batalla. Los observadores avistaron aquel eclipse memorable sobre Cartago a la segunda hora del atardecer, y más al este, en la metrópolis asiria de Arbela, en la quinta hora, datos con los que Tolomeo determina (correctamente) que la distancia entre ambas ciudades es de 45 grados de longitud.[1]

Para calcular las latitudes al norte o sur del ecuador, Tolomeo cuenta las estrellas: las que salen y se ponen en una región determinada a horas distintas en el curso del año; las que no salen ni se ponen, pero siempre aparecen al anochecer, y las que nunca se hacen visibles, aunque quizás sean bien conocidas en otros lugares. Por ejemplo,

1. Puesto que el Sol parece rodear la esfera de la Tierra, alrededor de 360 grados, una vez cada 24 horas, Tolomeo calcula cada diferencia de una hora dividiendo 360 entre 24, lo que representa 15 grados de longitud.

en la isla de Thule (Islas Shetland), situada a 63 grados de latitud norte, donde el día más largo dura veinticuatro horas completas, nadie ve a la mitad del verano el regreso de Sirio que señala el desbordamiento del Nilo en Egipto.

Tolomeo supone que la circunferencia del mundo es de casi 29.000 kilómetros. Su antecesor, Eratóstenes, en el 240 a. C., fue más generoso y la estimó en 40.225 kilómetros, comparando las longitudes de las sombras en dos ciudades a la orilla del Nilo el día del solsticio de verano, pero Tolomeo se inclina por la obra más reciente de Posidonio, hacia el 100 a. C., que observó que las estrellas encogen el globo.

La *Geografía* tolemaica ofrece instrucciones para confeccionar globos terráqueos y también proyecciones sobre mapas planos. Sin embargo, el «mundo conocido», como lo llama Tolomeo —o «el mundo habitado» o «el mundo de nuestro tiempo»— ocupa solo la mitad de un hemisferio. Desde las Islas de los Bienaventurados, en la costa occidental africana, se extiende hacia el este, pasando por la «India más allá del Ganges», hasta «Sera», donde termina la ruta de la seda, y, en el sur, desde las «tierras de los ignotos escitas», cerca del Báltico, hasta la confluencia del Nilo Azul con el Blanco. Más allá de estas fronteras familiares, la descripción que hace Tolomeo del África inferior se ensancha formando espacios en blanco a medida que el continente se aproxima al ecuador y después, abriéndose en abanico en el Trópico de Capricornio, se adentra en un vago país inexplorado que se extiende hacia abajo y a través del límite meridional del mapa, y se eleva para entroncar con China en el margen más oriental del océano Índico. Es un mundo que carece totalmente de litoral, con todas las bahías y mares rodeados por imperios y satrapías, pues ninguna de las fuentes de Tolomeo se ha aventurado en barco lo bastante lejos para medir la verdadera extensión del agua.

«En todos los temas que no han alcanzado un estado de conocimiento pleno —dice Tolomeo en su *Geografía*—, ya sea porque son excesivamente vastos o porque no siempre permanecen invariables, el paso del tiempo posibilita una investigación más exacta; esto mismo ocurre también con la cartografía.»

El transcurso de mil años cambia la forma del mapa del mundo, desde la visión de Tolomeo hasta un círculo con su centro en Jerusalén. Ahora el cielo impone un enfoque nuevo a la geografía y dirige a peregrinos y cruzados a la Tierra Santa. Aunque Tolomeo había orientado su globo terráqueo con el norte arriba, la Iglesia católica considera que el mundo ha dado un giro de un cuarto de hora en el sentido contrario a las agujas del reloj, que queda al este, en lo más alto de la esfera.

Esta imagen generalizada, el *mappa mundi* medieval, se divide en tres partes desiguales, una por cada hijo de Noé: mientras que Asia cubre la mitad superior, Europa y África ocupan la inferior, una al lado de la otra. Las fronteras de los tres territorios recuerdan una «T» inscrita dentro de una «O», ya que la extensión inferior de Asia corta en dos el círculo a lo largo de su diámetro, y la frontera entre Europa y África divide por la mitad el hemisferio meridional. Donde confluyen estos dos trazos se encuentra Jerusalén

En vez de lugares ordenados por la latitud y la longitud, el *mappa mundi* da un panorama global recubierto de un revoltijo de conocimientos relativos a este mundo y al siguiente. El ejemplo emplazado en la catedral inglesa de Hereford, hacia el año 1300, sitúa las puertas del Paraíso, la torre de Babel, el arca varada en Armenia y el lugar donde la mujer de Lot se transformó en una estatua de sal. Ubica a cuarenta animales míticos y reales cerca de sus hábitats naturales y los describe acompañados de leyendas, entre ellas el centauro, la sirena, el unicornio, «las hormigas gigantes» que «custodian arenas de oro» y el lince que «ve a través de muros y orina piedra negra». Más extrañas aún son las cincuenta «monstruosas» razas humanas del mapa: los arimaspos que «combaten a grifos por esmeraldas», los blendas con la boca y los ojos en el pecho. Pocos de esos extranjeros manifiestan virtudes cristianas o siquiera humanas, y solo los corcina de Asia recuerdan las antiguas lecciones geográficas de Tolomeo, porque dicen que sus sombras «caen al norte en invierno y al sur en verano», lo que significa que viven en los trópicos.

Un solo hemisferio es aún suficiente para contener toda la población mundial del *mappa mundi*. Alrededor de su circunferencia, un gran océano circunda todas las tierras visibles y supuestamente las inunda por detrás. El *mappa mundi* quizás parezca un disco plano dibujado sobre vitela, pero representa un globo terráqueo. El desafío para Cristóbal Colón no consistirá en convencer a sus críticos de la redondez de la tierra, sino más bien de que es más pequeña de lo que imaginan.

Colón se aferra a la creencia tolemaica en un mundo de solo unos 29.000 kilómetros de circunferencia, aunque sabe que los navegadores portugueses calculan que como mínimo tiene unos 38.600. Colón los desafía y apuesta a que puede cruzar las aguas desconocidas antes de que sus tripulaciones mueran de hambre o de sed.

Su misión oficial, como consta en su diario, es religiosa. «En el nombre de Nuestro Señor Jesucristo», enviado por «los más altos, excelentes y poderosos príncipes cristianos», el rey y la reina de España, «a las regiones de la

India para ver a los príncipes, los pueblos y las tierras que hay allí, y aprender su disposición y todas las demás cosas, y las medidas que pudieran tomarse para convertirlos a nuestra santa fe».

En vista de su experiencia marinera previa y de su interés por la geografía, Colón jura aprovechar su situación única:

> Me propongo hacer una nueva carta de navegación en la que pondré todos los mares y tierras del mar océano, en sus posiciones y sus rumbos correctos. Además, compilaré un libro donde figure la latitud y la longitud de todos los puntos. Y, sobre todo, lo apropiado para conseguirlo es olvidarme de dormir y dedicar mucha atención a navegar.

Al mismo tiempo, Colón tiene que disipar los temores de los noventa y pico grumetes y oficiales que le acompañan en los tres barcos.

> Este día perdimos por completo la visión de tierra —informa el domingo, 9 de septiembre de 1492—, y muchos hombres suspiraron y lloraron por miedo de no volver a verla durante un largo tiempo. Los consolé con grandes promesas de tierras y riquezas. Para sustentar su esperanza y disipar sus temores de una larga travesía, decidí calcular menos leguas de las que en verdad hacemos. Lo hice para que no pudieran pensar que se encontraban a tan gran distancia de España como en realidad estaban. Para mí llevaré un confidencial cálculo exacto.

Cuando avista tierra en el Caribe, nada de lo que descubre entre las islas le borra la idea fija de que ha llegado a la India.

> Los bosques y la vegetación son tan verdes como en abril en Andalucía, y los trinos de los pajarillos son como para que un hombre no quiera partir nunca de aquí —escribe el 21 de octubre—. Las bandadas de loros que oscurecen el sol y los pájaros grandes y chicos de tantas especies son tan distintos de los nuestros que es un prodigio. Además, hay árboles de mil variedades, todos con frutos acordes con su especie, y todos despiden una maravillosa fragancia. Soy el hombre más triste del mundo por no saber qué clase de cosas son, porque estoy convencido de que son muy valiosas. Traigo una muestra de todo lo que puedo.

Desde luego, Colón no es un naturalista, pero cita los loros continuamente. Los pájaros verdes y morados, identificados en el *mappa mundi* como originarios de la India, testimonian que ha llegado, en efecto, a algún lugar cercano al destino previsto. La «tierra firme» que los nativos describen a una distancia de quizás diez días de marcha tiene que ser la India. El 27 de octubre, la víspera de desembarcar allí, llega a la conclusión de que la isla que denominan Cuba no es más que «el nombre indio para Japón».

En los topónimos que elige, Colón honra a su Salvador y a sus soberanos: San Salvador, Santa María de la Concepción, Ferdinandina, Isabela. Bautizando el archipiélago a medida que lo recorre, un navío que encalla y un intento de motín a bordo de otro le impiden completar la gira de la región.

En su viaje de regreso hacia la gloria, una tormenta sopla en el mar con la fuerza del diablo. Temeroso de que las aguas se lo traguen antes de comunicar sus descubrimientos a la Corona, Colón traza ya su carta de navegación. Envuelve el pergamino en un paño encerado, precinta el paño dentro de un tonel y lo arroja a las olas. Si él perece, quien encuentre el mensaje podrá informar a los reyes de que «Nuestro Señor me ha dado la victoria en todo lo que yo deseaba respecto a la India».

De hecho, el mapa desaparece en la tempestad mientras que su creador vive para comandar tres travesías más hacia el oeste como almirante de la Mar Océana y virrey de las Indias. Durante todas estas exploraciones, Colón nunca admite que haya descubierto algo más que un atajo al Oriente. Solo después de su muerte, cuando sus restos van y vuelven a través del Atlántico para un segundo y hasta un tercer entierro, la magnitud de su descubrimiento divide el globo en el Viejo Mundo y el Nuevo Mundo.

Poco a poco cobra forma el contorno de la costa lejana. El pedazo llamado «Florida» flota independiente como un sudario sobre la Hispaniola de Colón (Haití y la República Dominicana), hasta que los extremos de las fronteras de Florida enlazan con una masa continental más grande. La palabra *América* aparece por primera vez en 1507, en un amplio mapa del Nuevo Mundo. El territorio toma su nombre de un visitante frecuente, Américo Vespucio, un marino y mercader italiano. Vespucio había navegado al oeste con los portugueses y los españoles, rivalizando con ellos, y proclamaba audazmente que los descubrimientos dispersos realizados por aquellos constituían un continente auténtico y distinto de Asia.

Al principio, su nombre de pila solo se aplica a la mitad meridional del Nuevo Mundo, pero llega a abarcar también la norteña, cuando exploradores de países rivales se adentran para ver qué hay más allá.

El trono español obtiene una gran victoria cuando Vasco Núñez de Balboa se postra de rodillas sobre una cumbre desnuda en Panamá, en septiembre de 1513, exultante por la primera visión del océano Pacífico. Tarda varios días en bajar desde su campamento, atravesar la selva y llegar a la costa, en cuyas aguas se interna para bautizarla. Con la espada desenvainada y el escudo en alto, Balboa grita el nombre de España sobre aquel mar y todas las tierras que baña, como si ya supiera que bordea la mitad del mundo.

En 1520, Fernando de Magallanes se aventura en el Pacífico con cinco naves españolas y mide su anchura con grandes dificultades:

> Pasamos tres meses y veinte días sin conseguir ninguna clase de alimento fresco —escribe de esta travesía Antonio Pigafetta, marino italiano de Magallanes—. Comíamos galleta, que ya no lo era, sino polvo de galleta hormigueante de gusanos, porque se habían comido la parte buena. Olía muy fuerte a orina de ratas. Bebíamos agua amarilla que llevaba muchos días podrida. También comimos unas pieles de buey que cubrían la punta del palo mayor a fin de que no rozase con los obenques, y que se habían vuelto extremadamente duras por la acción del sol, la lluvia y el viento. Dejamos las pieles en el mar cuatro y cinco días y luego las pusimos un momento encima de las brasas y nos las comimos; y muchas veces comimos serrín de tablones. Las ratas se vendían a medio ducado la pieza y ni siquiera entonces pudimos conseguirlas.

En 1543, en el apogeo de esta era de exploraciones, un clérigo polaco publica un libro que traslada el mundo entero a un nuevo escenario. *De Revolutionibus*, de Nicolás Copérnico, arranca a la Tierra de su ubicación estacionaria en el centro de las esferas celestes y la hace girar alrededor del Sol, entre las órbitas de Venus y Marte. La rareza y la impopularidad del dictamen de Copérnico casi lo silencian, pero cien años más tarde, contra todo pronóstico, el Sol se apodera del centro del universo y nuestro mundo viaja como una estrella errante.

¿Merece un nombre este nuevo planeta? Si Champlain bautiza su lago y Hudson su bahía, ¿por qué el nuevo globo móvil tiene que sobrellevar un vocablo inadecuado y antiguo? La palabra *tierra* recuerda la división ancestral de toda la materia ordinaria en cuatro elementos —tierra, agua, aire, fuego— y la designación de la tierra como el más pesado y el menos celeste de los cuatro. En este esquema, el agua fluía sobre la tierra, el aire flotaba sobre ambas y el fuego se elevaba en el aire hasta el umbral de las esferas celestiales, donde los planetas y las estrellas personificaban un quinto elemento: la quintaesencia. Ahora que el orden del mundo cambia en los mapas de los cielos, ¿no podría «la tierra» tomar de la mitología un nombre idóneo? Pero ya es demasiado tarde para desalojar al antiguo, incluso para cambiarlo de «tierra» a «agua», ahora que se ve que los mares se abren y se expanden en todas direcciones.

Los cartógrafos decoran las extensiones en blanco del océano con barcos, ballenas y monstruos marinos, con querubines de carrillos inflados que exhalan temporales, y también con títulos y leyendas de mapas enmarcados en cartelas historiadas, tan grandes como algunos países.

Al menos, una rosa de los vientos, un emblema con forma de flor que a menudo es de pan de oro, añil y carmín, orienta ya todos los mapas, con treinta y dos pétalos pintados que apuntan hacia todas las direcciones posibles de viento y singladura. La rosa consigna en el cuaderno de bitácora todas las abreviaturas del rumbo en zigzag de las exploraciones —ENE, SSO, NO— y refleja la faz de la brújula que dicta estas anotaciones.

La brújula, indispensable para los marinos desde como mínimo el siglo XIII, les ayuda a localizar la estrella polar incluso cuando las nubes la oscurecen; hasta cuando el barco ha navegado tan al sur que esa guía luminosa se ha hundido en el horizonte. Muchos piensan que la estrella polar, cuando no algún punto celeste invisible y cercano a ella, debe de atraer la aguja de la brújula.

Pero no, la propia tierra es el imán que atrae todas las agujas hacia su corazón de hierro. William Gilbert, un médico inglés, descubre este hecho empíricamente en 1600 y demuestra el efecto a la reina Isabel utilizando un pequeño imán esférico que representa a la Tierra. Además, Gilbert se mofa de la prohibición universal que pesa contra el ajo en los barcos y muestra que la aguja de un compás untada de ajo o de sus efluvios no pierde su poder magnético.

La naturaleza magnética de la Tierra induce a Gilbert y a otros a sospechar que el magnetismo es la fuerza que mantiene a los planetas en sus órbitas. La gravedad universal de Newton desmiente en 1687 el magnetismo interplanetario de Gilbert, pero la Tierra magnética sigue siendo de utilidad para la navegación. Aunque las agujas, por lo general, tienden a señalar el norte, una brújula apunta ligeramente al este del norte en una parte del mundo y ligeramente al oeste del norte en otra. Colón había advertido esta tendencia en su viaje de ida y temió que el instrumento le estuviese fallando. Sin embargo, la experiencia acumulada hasta el siglo XVII sugiere que el fenómeno quizás sea aprovechable. Quizás pueda medirse el grado de «variación» de la brújula de un lugar a otro y dividir el monótono océano en zonas magnéticas que ayuden a los marinos a establecer su situación durante semanas o meses en el mar. Esta posibilidad depara el primer viaje puramente científico, al mando de Edmond Halley, el único astrónomo real que fue nombrado capitán de la Marina Real.

Entre 1698 y 1700, Halley dirige dos expediciones a través del océano Atlántico y también hasta los límites norte y sur de este, hasta que las detuvieron unos icebergs sumidos en la niebla. Frente a la costa de África y, en otra ocasión, cerca de Terranova, el fondo plano del barco especial de Halley, el *Paramore*, atrae fuego amistoso de mercantes ingleses y pescadores coloniales que lo confunden con un bajel pirata.

El mapa que Halley publica en color en 1701 llena el océano de líneas curvas, de diversas anchuras y longitudes, que describen grados de variaciones magnéticas al este y al oeste. Los continentes bañados por el Atlántico solo sirven para anclar las líneas trascendentales y para ostentar las cartelas, cuyas palmeras, musas y nativos desnudos han sido desplazados de las aguas atestadas a las tierras desiertas.

Halley tiene la sinceridad de confesar que la variación magnética no será de verdadera utilidad a los marinos como medio de determinar la longitud. Más aún, predice que sus líneas, trazadas con el mayor esmero, se desplazarán con el paso del tiempo a causa de movimientos profundos dentro de la Tierra. Tiene la presciencia de intuir que el interior del planeta se compone de cáscaras alternadas de materia sólida y fundida que controlan su conducta magnética.

Entretanto, su mapa de la variación magnética, aunque una decepción para él y sus colegas marineros, supone una revolución en la cartografía. Sus líneas curvas, que conectan puntos de valores iguales (y que llamarán líneas de Halley durante cien años), añaden una tercera dimensión a los mapas impresos. Otros de los que confeccionó —de las estrellas del hemisferio austral, los vientos alisios, el camino previsto del eclipse solar de 1715— también alcanzaron notoriedad por sus innovaciones. Halley cartografiaría el Sistema Solar entero si pudiese medir la distancia desde la Tierra al Sol.[2]

Halley concibe una manera de realizar esta medición clave en el momento especial de un tránsito de Venus: observando y cronometrando el suceso desde puntos ampliamente separados del globo, los científicos podrían triangular el cielo con el fin de calcular la distancia entre la Tierra y Venus, y de ahí deducir la distancia desde la Tierra hasta el Sol. Halley predice dos tránsitos, uno en 1761 y el otro en 1769, pero tendría que vivir hasta los ciento cinco años para ver incluso el primero de los dos. En efecto, aunque Venus pasa entre el Sol y la Tierra cinco veces cada ocho años, su órbita inclinada suele llevarle por encima o por debajo del Sol, visto desde nuestra perspectiva. Para que a Venus se le vea cruzar la faz solar, tiene que atravesar el plano de la órbita terrestre, en el plazo de dos días a partir del momento en que la Tierra se haya cruzado con el plano orbital de Venus. Estos requisitos estrictos permiten dos tránsitos sucesivos, el primero ocho años después del otro, pero solo un dúo semejante cada siglo.

> Exhorto vivamente a los exploradores diligentes de los cielos (para quienes, cuando yo haya concluido mis días, quedan reservadas estas vistas) a que tengan presente el mandamiento que emito —escribe Halley en 1716 sobre los venideros tránsitos de Venus—, y a que pongan todo su em-

2. La tercera ley de Kepler del movimiento planetario, publicada en 1609, solo expresaba las distancias relativas entre los planetas, basadas en el período orbital de cada uno. Aún no se han calculado las distancias reales.

peño y todas sus fuerzas para realizar las observaciones necesarias.

En junio de 1761, cuando llega el momento del primer tránsito, los discípulos de Halley afrontan todo género de desastres —ejércitos hostiles, monzones, disentería, inundaciones, frío intenso— para cubrir los puestos de observación principales de África, India, Rusia y Canadá, así como varias ciudades europeas. Sin embargo, las nubes frustran la mayoría de las expediciones, y los resultados indeterminados de los astrónomos centran una mayor atención, si cabe, en la oportunidad siguiente, en 1769, que convoca a 151 observadores oficiales en 77 localidades de todo el mundo.

Cada grupo tiene que cronometrar los cuatro momentos cruciales del tránsito, llamados «contactos», en que los bordes de Venus y el Sol se tocan. El primero se produce cuando Venus parece adherirse a la cara exterior de la circunferencia solar. El segundo contacto sobreviene enseguida, cuando Venus entra de lleno dentro del seno del Sol, pero tarda horas en lograr el tercer contacto en el extremo más lejano del disco solar. Al cuarto contacto ya ha salido del Sol y está a punto de separarse de él.

La responsabilidad de las trascendentales observaciones de la Royal Society en la isla Rey Jorge III (Tahití) recae en el teniente James Cook. Zarpa de Inglaterra el año antes, en agosto de 1768, para llegar a tiempo de hacer preparativos que incluyen la construcción de un observatorio seguro, Fort Venus.

> Sábado, 3 de junio [1769]: Este día ha sido tan favorable a nuestro propósito como deseábamos; ni una nube se ha visto en todo el día y el aire estaba perfectamente claro, con

lo que teníamos todas las ventajas para observar el paso completo del planeta Venus sobre el disco solar: vimos con gran nitidez cómo una atmósfera o sombra crepuscular alrededor del cuerpo del planeta perturbaba los tiempos de los contactos, en especial los internos. El doctor Solander observó el fenómeno, al igual que Green y yo mismo, y los tres diferimos respecto a los tiempos de los contactos mucho más de lo que cabía esperar. El telescopio de Green y el mío tenían los mismos aumentos, pero el del doctor tenía muchos más que los nuestros.

Aunque no es culpa de nadie, los astrónomos tropiezan en todas partes con las mismas dificultades que los hombres de Cook al juzgar los momentos exactos en que Venus entra y sale del disco solar. Las limitaciones de incluso los mejores instrumentos ópticos disponibles socavan los resultados de todo el mundo, y la comunidad astronómica internacional tiene que contentarse con acortar la distancia de la Tierra al Sol hasta una cifra comprendida entre unos 148 y 154 millones de kilómetros.

Cook desvía su atención de Venus para centrarse en la segunda y secreta parte de su misión: un recorrido a través del mar helado en busca de la gran *Terra Australis Ignota* ('Tierra austral incógnita'). Al no encontrarla regresa a casa, pero organiza una segunda expedición en 1772. Al cabo de tres fríos años de esfuerzo, Cook, ya ascendido a capitán, se hace un experto en virar su barco con frecuencia hacia el viento para que las velas se desprendan de la nieve.

Lunes, 6 de febrero [1775]: Seguimos navegando rumbo al sur y sureste hasta mediodía, momento en el cual estábamos a una latitud de 58° 15' sur y una longitud de 21° 34'

> oeste, y al no ver tierra ni indicios de ella llegué a la conclusión de que lo que habíamos visto y que llamé Sandwich era un grupo de islas o bien un punto del continente, pues creo firmemente que hay una franja de tierra cerca del Polo, que es de donde procede la mayoría del hielo que se extiende sobre este vasto océano Antártico... Me refiero a una extensión considerable de tierra... Sin embargo, es cierto que la mayor parte de este continente Antártico (suponiendo que exista) tiene que encontrarse dentro del Círculo Polar, donde el mar está tan repleto de hielo que la tierra, en consecuencia, es inaccesible.

El cálculo que traza Cook de la latitud y la longitud es más exacto que los de todos sus predecesores. Al seguir el movimiento de la Luna contra las estrellas —un método que Halley contribuyó a desarrollar—, y con la ayuda de un nuevo cronometrador sincronizado con el reloj principal del Observatorio de Greenwich, Cook sabe exactamente dónde está. Su mapa indica a otros el camino desde Success Bay, en Tierra del Fuego, su fuente de madera y agua, hasta Botany Bay, en Australia, a la que bautizó así por su abundancia en nuevas especies de plantas, y Poverty Bay, en Nueva Zelanda, donde Cook «no encontró nada que quisiéramos».

Barcos cargados de instrumentos de medición —barcos que no solo cruzan los océanos, sino que pueden navegar costeando la tierra y entrar en la desembocadura de los ríos— empiezan a reexaminar con mayor precisión el Nuevo Mundo. Tal es la misión del barco de su majestad *Beagle* en 1831, cuyo capitán transporta a bordo veintidós de los mejores cronómetros existentes, del tipo de los que alabó Cook en su segundo viaje. El capitán Robert Fitz-Roy, que se dispone a emprender una exploración detallada de Sudamérica y regresar a Inglaterra por el trayecto más largo, circunvalando las Indias Orientales, busca un caballero que comparta su interés por la geología y las ciencias naturales y que se financie el viaje. Charles Darwin, un joven de veintidós años, recién licenciado y aún dubitativo sobre su vocación, se enrola.

Los mareos torturan a Darwin a bordo del *Beagle*. Si bien puede abandonar el barco libre y legalmente en cualquier puerto, cumple el periplo completo, que dura cinco años. Los sobrelleva pasando todo el tiempo posible en tierra, mientras FitzRoy costea toda Argentina, Chile, las islas Malvinas y las Galápagos para hacer mapas.

> Me quedé diez semanas en Maldonado, y en ese tiempo reuní una colección casi perfecta de sus animales, aves y reptiles —informa Darwin en el verano de 1832—. Escribiré una crónica de una pequeña excursión que hice hasta el río Polanco, que está a unos 110 kilómetros de distancia en dirección norte. Como prueba de lo barato que es todo en este país, mencionaré que pagué solo dos dólares diarios, u ocho chelines, por dos hombres y una manada de unas doce cabalgaduras. Mis compañeros iban bien armados con pistolas y sables, una precaución que me pareció bastante innecesaria; pero la primera noticia que oímos fue que la víspera habían encontrado muerto en la carretera, degollado, a un viajero de Montevideo. El suceso ocurrió cerca de una cruz, recordatorio de un asesinato anterior.

A pesar de los peligros de las guerras locales, Darwin sigue prefiriendo la tierra al mar:

> 11 de agosto [1833]: Harris, un inglés que reside en Patagonia, un guía y cinco gauchos que se dirigían al ejército

> por negocios fueron mis compañeros en este viaje... Poco después de pasar el primer manantial avistamos un árbol famoso que los indios reverencian como el altar de Walleechu... Nos detuvimos para pernoctar unas dos leguas más allá de aquel árbol curioso: en aquel instante los ojos de lince de los gauchos descubrieron a una vaca infortunada. Salieron en su persecución y al cabo de unos minutos la trajeron amarrada por el lazo y la mataron. Teníamos allí las cuatro cosas que hacen falta para la vida «en el campo»: pasto para los caballos, agua (solo un charco embarrado), carne y leña. Los gauchos estaban muy contentos de haber encontrado todos estos lujos; y enseguida nos pusimos a asar a la pobre res. Fue la primera noche que yo pasaba al raso, con el avío del *recado*[3] [la silla de montar] por cama. Es muy placentera la vida independiente del gaucho; poder detener al caballo en cualquier momento y decir: «Aquí pasaré la noche». La quietud mortal de la llanura, los perros que montan guardia, el grupo de gauchos agitanados que preparan la cama alrededor del fuego han dejado en mi memoria una viva impronta de aquella primera noche que tardaré en olvidar.

Habrá tiempo de sobra, cuando vuelva a Inglaterra, para casarse y anteponer los intereses de sus hijos a los suyos, para dar vueltas a pensamientos últimos como el recuerdo de los plumajes de los pájaros y otros recuerdos de las Galápagos que le ayuden a descifrar los secretos de la diversidad de la vida.

De momento, mientras busca fósiles, «geologiza» y escala los Andes, pondera las fuerzas capaces de levantar montañas tan imponentes a lo largo de siglos, reducirlas a grava o hacerlas temblar.

3. En español en el original. *(N. del T.)*

> 20 de febrero [1835]: Ha sido un día memorable [aquí] en... Valdivia, por el terremoto más intenso que ha conocido nunca el habitante más viejo. Resultó que yo estaba en la costa y me había tumbado a descansar en el bosque. Ocurrió de repente y duró dos minutos, pero pareció mucho más largo. El balanceo del suelo fue muy perceptible. A mi acompañante y a mí nos pareció que las ondulaciones procedían del este; otros creyeron que provenían del suroeste, lo que demuestra lo difícil que es en todos los casos percibir la procedencia de estas vibraciones. No había dificultad para mantenerse en pie, pero el movimiento casi estuvo a punto de marearme. Era como el de un barco entre olas que se cruzan...

De hecho, los propios continentes viajan. Se desplazan como viajeros a bordo de grandes losas de la corteza terrestre en movimiento constante. En 1912, el geólogo alemán Alfred Wegener explica que la costa oriental de Sudamérica complementa el borde occidental de África porque los dos continentes son piezas del mismo rompecabezas. Hubo un tiempo, en la era prehistórica, en que estaban una al lado de la otra, como partes de una única masa de tierra que Wegener llama «Pangea» ('Todo tierra'), rodeada por los mares de «Panthalassa» ('Todo mar'), antes de que las separasen unas fuerzas geológicas.

En la actualidad, el Viejo y el Nuevo Mundo siguen distanciándose a lo largo de una fisura aún creciente en medio del Atlántico, donde una materia fundida asciende desde el interior de la Tierra y extiende un nuevo suelo oceánico. A medida que el Atlántico se expande, el Pacífico se encoge. Bajo las costas inquietas de Perú, Chile, Japón y Filipinas, el viejo y frío lecho oceánico se zambulle de nuevo en el interior infernal de la Tierra, acompañado de terremotos y volcanes y, en ocasiones, de tsunamis catastróficos.

El fondo del océano sufre un reciclado continuo, y no hay parte de él que supere los 200 millones de años de antigüedad. Los continentes, por el contrario, afloran a la superficie a lo largo de los siglos, erosionados, pero aún intactos al cabo de 4.000 millones de años. En vez de hundirse unos debajo de otros, los continentes se arrugan cuando la tensión del contacto deforma su corteza: los montes Apalaches atestiguan una antigua colisión entre África y Norteamérica, mientras que la presión vigente sobre el Himalaya continúa, todavía hoy, aumentando su altitud.

Las exploraciones modernas realizadas por submarinos y naves espaciales revelan la red auténtica y apolítica de fronteras planetarias, ocultas bajo el agua. Los arrecifes en medio del océano y las complementarias fosas costeras dividen la superficie del globo en un mosaico de unas treinta placas, cada una de las cuales sustenta un pedazo de un continente, una parte de un lecho marino. El dibujo del mosaico cambia a medida que las placas se separan, colisionan o se rozan lateralmente al cruzarse, impelidas por el calor residual acumulado del violento nacimiento de la Tierra y la actual desintegración radiactiva.

Los choques sísmicos que horadan la Tierra durante los terremotos permiten la introspección más profunda posible. Sugieren que los continentes y los lechos oceánicos solo envuelven el planeta con una piel o corteza fina. Esta corteza se reduce a una exigua capa de alrededor de un kilómetro y medio debajo de algunas zonas oceánicas, mientras que el promedio de grosor de la corteza continental es de unos 32 kilómetros más, aun cuando la totalidad de la corteza solo comprende la mitad del uno por ciento de la masa terrestre. La gran mole del planeta (alrededor de dos tercios de su masa) se compone del manto rocoso pero fluido que bulle entre la corteza y el núcleo. En el centro de la Tierra, parte del núcleo de hierro y níquel se ha enfriado ya en forma de una bola sólida. Los sismólogos la oyen rotar de forma independiente dentro del núcleo exterior aún fundido, girando casi un segundo al día más rápido que el resto del mundo.

Al igual que los niveles ocultos del interior de la Tierra, las capas invisibles de la atmósfera terrestre también se han explorado, desde la troposfera, abajo, pasando por la estratosfera y la mesosfera, hasta lo alto de la termosfera. Desde el espacio se puede trazar el mapa del campo magnético y los cinturones de radiación que rodean la Tierra. Asimismo, una red de satélites de posición global puede ubicar localidades —incluso individuos— del planeta con una exactitud de centímetros, al tiempo que los reflectores de rayos láser instalados en la Luna por los astronautas del *Apolo* miden la distancia exacta desde la Tierra a la Luna.

El lugar que ocupa la Tierra en el espacio es actualmente conocido con tal grado de exactitud que el más reciente tránsito de Venus, el 8 de junio de 2004, quedó relegado al rango de una atracción turística; una oportunidad de ver una anomalía desconocida para cualquier humano vivo, puesto que la fecha del tránsito anterior fue la del 6 de diciembre de 1882. En el intervalo entre los dos tránsitos, la extensión del mundo conocido ha crecido hasta el punto de englobar a planetas adicionales del Sistema Solar, a planetas extrasolares de la galaxia y a la propia configuración de la Vía Láctea, que gira por el espacio con miles de millones de estrellas en sus brazos espirales. Una visión más lejana del infinito abarca las demás galaxias de nuestro grupo local y los cúmulos y supercúmulos de galaxias que se extienden en el espacio y se remontan en el tiempo hasta el nacimiento del universo. Pero incluso esta percepción compleja de nuestro entorno solo capta, como el mapa de Tolomeo, la conciencia de nosotros mismos que tenemos en el momento presente.

6

Lunerías

En los días gloriosos del proyecto Apolo, un joven astrónomo que analizaba piedras de la Luna en un laboratorio universitario se enamoró de mi amiga Carolyn y puso en peligro su trabajo y la seguridad nacional al regalarle cierta cantidad de polvo lunar.

«¿Dónde está? ¡Déjame verlo!», le pedí a Carolyn en cuanto lo supe. Pero ella respondió en voz baja: «Me lo he comido». Tras una pausa añadió: «Era tan poco». Como si esto lo explicase todo.

Me enfurecí. En un instante había caído desde la altura embriagadora de descubrir la Luna allí mismo, en el piso de Carolyn, a la comprensión de que se la había comido entera, sin dejarme una migaja.

Tuve un ensueño en que vi que el polvo lunar acariciaba los labios de Carolyn como el beso de un amante. Al entrar en su boca, se incendiaba al contacto con la saliva y despedía chispas que se alojaban en cada célula de su cuerpo. Cristalino y extraterrestre, le iluminaba los lugares más recónditos como los polvillos de un hada, inyectándole en las venas la tonadilla sin sentido producida por el carillón del viento. La sagrada presencia cambió la misma naturaleza de Carolyn y la transformó en la diosa lunar. Lo que me ponía tan celosa era que ella se hubiese acoplado de algún modo con la Luna mediante aquel acto de incorporación.

Por supuesto que yo había oído los cuentos de viejas que aconsejaban a las mujeres que abrieran las cortinas de su dormitorio y durmiesen a la luz de la luna para propiciar la fertilidad o un ciclo menstrual más regular, pero ningún folclore describía que comer polvo lunar otorgase poderes. El acto de Carolyn obraba una magia de la era espacial, impensable en la época en que su madre y la mía eran recién casadas.

Todavía hoy envidio a Carolyn por haber probado el sabor de la Luna. En realidad, sé que se ha casado con un veterinario y que viven al norte de Nueva York con tres hijos ya mayores. Carolyn no brilla en la oscuridad ni camina por el aire. Ha perdido desde hace mucho todo vestigio de la ingestión lunar, que sin duda su cuerpo digirió del modo habitual. ¿Qué contendría, de todas formas, para que me haya preocupado durante todos estos años?

¿Unos cuantos granos de titanio y aluminio?

¿Unos átomos de helio transportados desde el Sol por el viento solar?

¿La reluciente esencia de todo lo que es inasequible?

Probablemente todo ello, y era tanto más extraordinario por haber viajado hasta Carolyn a través de unos 386.000 kilómetros en la panza de una nave espacial, y por haber sido entregado en mano como una prenda de amor de un hombre guapo. Afortunada, envidiable Carolyn.

Los astronautas del *Apolo*, por su parte, no tragaron adrede polvo lunar, aunque se les adhirió, les manchó las botas blancas y los trajes espaciales y subió con ellos a los módulos lunares. Un olor de pólvora usada o de ceniza mojada en una chimenea les asaltó cuando se quitaron los cascos. Era el polvo lunar, que ardía mansamente en la atmósfera de oxígeno que los hombres transportaban desde la Tierra. Fuera, en la superficie sin aire, ¿despedía un olor propio el polvo pisado? Si nadie lo oye, ¿hace ruido un árbol que cae en un bosque?

Los astronautas apreciaron que la superficie de la Luna tenía un color pardo cuando la miraban con el Sol de cara, pero dijeron que se volvía gris cuando la miraban del otro lado, y negra cuando recogieron muestras de polvo en bolsas de plástico. El misterioso resplandor de la luz solar sin filtrar deformaba su percepción de los colores y de la profundidad, así como lo hacía con su película fotográfica. Adaptada de forma similar a la luz de la atmósfera terrestre, la película hizo su propia interpretación de las suaves tonalidades y el relieve inhóspito del paisaje, de tal modo que al final las fotos revelaron los recuerdos de color de los primeros que pisaron la Luna.

La visión de la Luna desde la Tierra no está menos falseada por ilusiones ópticas. ¿Cómo, si no, podría la Luna obtener su brillo plateado del polvo y de piedras tan oscuras como el hollín? Las marcas pardas que forman la cara del duendecillo lunar[1] reflejan solo entre un 5 y un 10 por ciento de la luz solar que cae sobre ellas, y las más brillantes tierras altas lunares no más del 12 al 18 por ciento, lo que hace que la Luna en su conjunto reluzca tanto como una calzada de asfalto. Pero la tosca superficie lunar, salpicada de partículas recortadas de polvo lunar, multiplica las miríadas de planos donde la luz puede caer y rebotar. De esta forma, el polvo pardo, gris, negro envuelve la Luna en un resplandor blanco. Y vista contra el sombrío telón de fondo del cielo nocturno, parece aún más blanca.

1. Según el folclore infantil anglosajón, el duende que vive en la Luna. *(N. del T.)*

La blancura define nuestra imagen de la Luna, salvo en las ocasiones en que gravita dorada sobre el horizonte, bruñida por el espesor añadido del aire, o en que se hunde en la sombra de la Tierra y se torna roja durante un eclipse total. Nadie ha creído nunca en serio que la Luna pareciese de color verde, sino tan solo que se asemejaba a un queso verde: una rueda blanquecina, veteada, de requesón recién hecho, aún no curado para comerlo. Es cierto que la Luna puede volverse azul después de que un volcán haya manchado la atmósfera terrestre, o que la llamen azul cuando hay más de un plenilunio por mes del calendario, pero la blancura fiable de la Luna normal es lo que confiere su aire de rareza a la expresión inglesa «luna azul».[2]

Mientras que la luz blanca que refleja la Luna contiene todos los colores, el brillo lunar que se percibe en la Tierra emite los conocidos destellos traviesos de todos los colores. Comparados con la luz solar directa, los vatios del plenilunio son 450.000 veces más tenues, y no llegan por poco al umbral de la retina para la visión del color. Hasta la Luna más brillante genera palidez en cada cara que ilumina y crea sombras como mazmorras donde todo lo que entra desaparece.

Los colores pálidos del rayo de Luna florecen en los jardines lunares plantados de lirios, todos ellos blancos o casi, y apreciados por sus hábitos nocturnos. La gigantesca flor de la Luna (*Ipomoea alba*), respuesta vespertina a la gloria matinal, abre sus pétalos blancos al final del día, al igual que sus compañeros los dondiegos de noche, los lirios y los gladiolos nocturnos. La prímula vespertina tam-

2. Alusión a una expresión idiomática inglesa: «Once in a blue moon» (literalmente, 'una vez cada luna azul', es decir, muy rara vez, cada muchísimo tiempo). *(N. del T.)*

bién tiene cabida en los jardines lunares, a pesar de sus flores rosas, porque las prímulas despiden su fragancia después de oscurecido.

La propia Luna se niega a que la confinen a la noche. Pasa la mitad de su tiempo en el cielo diurno, donde mucha gente no se percata de su presencia o la confunde con una nube. Solo unos pocos días al mes la Luna se desvanece de verdad y se vuelve invisible debido a la proximidad del Sol. El resto del tiempo, ineludible, cambia de forma cada hora, crece y decrece y reclama atención.

La primera imagen de la Luna joven llega como una sonrisa en el crepúsculo. Aunque solo la más fina esquirla de medialuna de plata brilla sobre nosotros tan temprano en el ciclo mensual lunar, el resto de la Luna se revela de una forma apenas discernible, como si la vieja yaciera en los brazos de la joven. Leonardo da Vinci, al hacer bocetos de la Luna en ese preciso momento, comprendió que la luz débil encendida dentro de la medialuna brillante era el brillo terrestre. Leonardo explicó, en sus libretas de letra apretada y escritura invertida, que la Luna fantasma capta el reflejo del Sol en la Tierra y devuelve un rayo atenuado.

Para cuando la Luna recorre la cuarta parte de su rotación alrededor de la Tierra, la luz solar cubre la mitad de la cara de la Luna, como una galleta bañada en hemisferios precisos de chocolate y vainilla. Pronto el terminador —la línea divisoria entre el día y la noche— adopta la forma de un arco y una parte aún mayor de la Luna se ilumina a medida que entra en su fase gibosa. Estas etapas de expansión lunar que se desarrollan desde la oscuridad a través del creciente, el cuarto, la giba y la luna llena prometen crecimiento. Los almanaques de botánicos y agricultores recomiendan las fases crecientes como momentos adecuados para plantar guisantes, cosechar plantas de raíces largas y podar árboles para garantizar fruto abundante. Asimismo, sin embargo, con Luna creciente no hay que cortar madera, porque cuando está mojada de savia se resiste a la sierra, lo que exige más trabajo, y se alabea después de cortada.

La Luna llena que se eleva al ponerse el Sol produce una ilusión de grandeza que duplica o triplica su tamaño aparente. El esplendor de esta imagen nace de que la mente concibe el horizonte como un lugar remoto donde cualquier cosa que parezca grande tiene que ser, en efecto, enorme. Más tarde en la noche, cuando la Luna ha ascendido en el cielo, donde la escala de distancias es diferente, recobra sus dimensiones normales, aunque el mundo a sus pies se haya vuelto loco. Los perros y los coyotes aúllan, los licántropos se convierten en hombres lobos y los vampiros merodean bajo la Luna llena. Se cometen más delitos, nacen más bebés, enloquecen más lunáticos. O eso afirman algunos, puesto que la luz asombrosa del plenilunio, casi tan potente que su brillo permite leer, contiene una expectativa predominante de caos.

Cada plenilunio del año se ha granjeado como mínimo un nombre que lo vincula con estaciones tradicionales perdidas: la luna del lobo, la de la nieve, la savia, el cuervo, la flor, la rosa, el trueno, el esturión, la cosecha, el cazador, el castor y la luna fría. No se rinden tales homenajes a las demás fases lunares.

El estado de plenitud técnica, cuando la Luna se encuentra enfrente del Sol en el cielo terrestre, dura solo un minuto en la vida mensual lunar. Un momento después, cuando empieza a declinar, la oscuridad se infiltra por la derecha y recorre el camino de la luz anterior. Uno tras otro, se borran los rasgos de la cara del duendecillo —o la del conejo o el sapo lunar—, en el mismo orden en que aparecieron. El primero que llega o se va es el alto y redondo *Mare Crisium* ('mar de crisis'), seguido, como en algún fantástico ensalmo latino, del *Lacus Timotes* ('lago del temor'), el *Mare Tranquillitatis* ('mar de calma'), la *Sinus Iridum* ('bahía de los arcos iris'), el *Oceanus Procellarum* ('océano de las tempestades') y el *Palus Somni* ('pantano del sueño').

Nada podría extraer agua de esos oscuros mares lunares porque todos ellos, sin excepción, están secos. Ni tampoco los susodichos mares han conocido la presencia de agua. Aunque sugiriesen atisbos de una interconexión fluida a los primeros astrónomos que los contemplaron con sus telescopios y los bautizaron, los primeros astronautas que los hollaron recogieron de sus orillas los materiales más secos imaginables.

«Mondas como huesos», fue la descripción de las muestras lunares, aunque en realidad son mucho más secas que los huesos, que forman sistemas vivientes húmedos dentro de la Tierra y conservan el recuerdo del agua largo tiempo después de la muerte.

¿Secas como el polvo, entonces? No, más aún. En la Tierra, hasta el polvo contiene agua.

Las piedras lunares establecieron un nuevo modelo de sequedad que se distingue por la ausencia *total* de agua. Ni una gota de agua, ni una burbuja de vapor de agua acecha en la retícula de cristal de cualquier piedra lunar entre las muestras tomadas, y el hielo jamás llegó a tocarlas. Sin embargo, los cometas probablemente se hayan tragado alijos sueltos de helado de agua importado —quizás diez millones de toneladas— en las sombras de cráteres inexplorados cerca de los polos lunares.

La falta de agua como un ingrediente potencial redujo la creatividad de la Luna a cien minerales escasos. Por el contrario, la Tierra húmeda ha fabricado varios miles de variedades. Las joyas romántica o religiosamente asociadas con la Luna —la perla, el cuarzo, el ópalo, el feldespato— nunca podrían haberse formado en ella, porque todas requieren agua en una forma u otra, y en la Luna no hay una gota de agua.[3]

La versión primaria más aceptada hoy por los científicos planetarios explica de una tacada la formación de la Luna y la sequedad de su terreno: en una fecha temprana de la historia del Sistema Solar, un planeta solitario colisionó en su órbita con la joven Tierra. El impacto, que se cree aconteció hace 4.500 millones de años, fundió por igual al agresor y a su víctima, y los detritos calientes volaron al espacio. Enjambres de polvo y fragmentos de roca, puestos en órbita alrededor de la aturdida Tierra, al final se reunieron, hace 4.400 millones de años, para formar la Luna. Como salieron despedidos de un caldero común, las piedras de la Luna son químicamente parecidas a las de la Tierra, salvo en que han perdido toda el agua y todos los demás componentes capaces de evaporarse.

El ritmo vertiginoso del ensamblaje lunar generó calor suficiente para derretir las capas superiores del nuevo satélite y originar un océano de magma global, de unos 160 kilómetros de profundidad. Con el tiempo, este océano se fue enfriando y adquirió la dureza de la piedra. Los cascotes errantes de la virulenta juventud del Sistema Solar, todavía dispersos por entonces, bombardearon la lisa corteza nueva de la Luna, creando vastos cráteres y cuencas. Entretanto, el calor radiactivo atrapado dentro de la joven

3. Por su valor exótico, un solo quilate de piedra lunar se vendió en una subasta en 1993 por 442.500 dólares. De manera parecida, un mapa de las Tierras Altas de Descartes, solo ligeramente utilizado por astronautas del *Apolo 16*, y que presenta manchas de polvo lunar, se subastó por 94.000 dólares en 2001.

Luna impulsó más rocas fundidas a la superficie para rellenar las amplias cuencas con basalto negro y pintar las facciones lunares.

El océano de magma que acompañó el nacimiento de la Luna y que la envolvió entera fue el primer fluido que circuló por ella. Los ríos y charcos de lava extrudida fueron los últimos que hubo y se congelaron hace 3.000 millones de años. En aquel momento disminuyó el índice de cráteres a lo largo de todo el Sistema Solar, y la Luna, tras haber consumido todo su calor interno, se solidificó por completo hasta transformarse en un fósil seco que los parámetros geológicos suelen considerar «muerto».

La Luna reseca atrae los mares de la Tierra como si estuviera celosa de ellos. Dos veces al día las mareas oceánicas suben y bajan al impulso de la gravedad lunar. Las aguas suben cuando pasan por debajo de la Luna, lo cual se comprende de un modo intuitivo, pero vuelven a ascender cuando han sido desplazadas al otro lado del mundo, donde se hallan alejadas de la Luna. Cabría decir entonces que la subida de la marea allí es solo aparente, cuando en realidad la Tierra está siendo atraída, desde debajo de las aguas, por la fuerza de la Luna. Mirando al mismo tiempo a todos los mares del mundo, el océano que está directamente debajo de la Luna sube en respuesta a la atracción más fuerte de la gravedad lunar, mientras que el océano situado en el lado opuesto de la Tierra sube simultáneamente, como aliviado de sentir la escasa tracción que empuja en la dirección opuesta.

Las mareas terrestres responden tanto a la gravedad solar como a la lunar, pero no en igual medida, pues la mayor distancia a que se encuentra el Sol y su tendencia a atraer de forma más equitativa a todas las partes de la Tierra a la vez disminuye el efecto que ejerce sobre las mareas. Sin embargo, cuando el Sol y la Luna se alinean con la Tierra en una línea recta a través del cielo, tal como sucede en la Luna nueva y la llena, los tres colaboran para que las mareas suban más alto. Esas «mareas primaverales», que se producen cada estación, reciben su nombre de los torrentes de agua, que pueden alcanzar hasta seis metros de altura dos veces al día. Si la alineación de la marea primaveral, o sicigia, ocurre cuando la Luna está cerca de la Tierra, en el perigeo, las mareas son tanto más altas.

Algunos juran que las mismas fuertes mareas de la atracción lunar pueden también elevar hacia el cielo las vísceras de una persona. ¿Por qué el cuerpo humano, que está compuesto sobre todo de agua, no habría de palpitar en sincronía con los ritmos de la Tierra y la Luna? Probablemente porque es muy pequeño. Del mismo modo que las pequeñas cantidades de agua de los lagos y estanques no se ajustan a las mareas lunares, los pequeños cuerpos vivos de agua no participan en las interacciones interplanetarias. Por consiguiente, la mejor explicación del sentimiento lunático que a menudo embarga el pecho humano es que se trata de una respuesta emocional a la belleza, no una marea de fluidos corporales. De una forma similar, que la menstruación femenina se adecue al lapso del mes lunar debe de ser una coincidencia o un misterio.

Si bien la Luna desplaza los océanos de un lado para otro, la Tierra arrastra a la Luna con la fuerza superior de su mayor masa. La violenta lucha por el poder entre los dos ha reducido la rotación lunar a alrededor de 16 kilómetros por hora. Al girar tan despacio, la Luna tarda en completar el giro sobre su eje lo mismo que en su órbita mensual de 2,5 millones de kilómetros. Así pues, la Tierra ha obligado a la Luna a una pauta de rotación y revolución llamada «rotación sincrónica», en que los dos avanzan paso a paso y que mantiene la misma faz asombrada de la Luna apuntando hacia la Tierra en todo momento. No es de extrañar que el duende lunar nos resulte tan conocido.

Comparada con la Luna, la Tierra gira con furia, unas treinta veces más rápido. Sin embargo, la Tierra también está desacelerando a un ritmo anual de unas cuantas centésimas de segundo, presionada por la fricción de las mareas. En efecto, el perceptible efecto que la Luna ejerce sobre las mareas oceánicas va acompañado de un ensanchamiento del territorio sólido terrestre. La Luna tira con más fuerza de las zonas más cercanas de la Tierra y llega a formar un abultamiento. Pero en cuanto la superficie de la Tierra ha reaccionado con este abultamiento, la rotación terrestre arranca a esa región de debajo de la Luna y desplaza allí a una región vecina. Como una sección del planeta siempre se abulta y después se contrae, la fricción constante detiene el ritmo de la rotación.

A medida que la Tierra reduce su marcha, la Luna se aparta de ella unos tres centímetros al año, ya que la cascada de efectos de las mareas da un ligero ímpetu al planeta. Al final, el ritmo decreciente de la Tierra y el alejamiento de la Luna terminarán alcanzando un punto muerto que estabilice la rotación terrestre y frene la retirada de la Luna. En ese punto quedará sincronizada la rotación de ambas: la Tierra dirigirá a la Luna la misma mirada cautelosa y de soslayo con que la Luna contempla a la Tierra. Los adoradores de la Luna en ese futuro lejano habitarán sin duda en la mitad terrestre sobre la cual la Luna se cierne en todo momento, mientras que los que habiten en el otro hemisferio, «el lejano», tendrán que dar media vuelta al mundo para obtener tan solo un atisbo de la Luna.

Por ahora, la casi imperceptible disminución del giro de la Tierra supone un mero milisegundo cada cincuenta años. Pero esta y otras inconstancias han convencido a los cronometradores oficiales de que conviene mejorar la condición del Sol, la Luna y las estrellas como parámetros fiables, e intercalar de vez en cuando un «segundo» adicional en el calendario mundial del año. A diferencia de un año intercalar, que dura un día más que un año normal, un segundo intercalar mide la misma fracción de tiempo que cualquier otro segundo. Pero al igual que el año intercalar, el segundo proclama la frustración de todos los esfuerzos efectuados para confeccionar un calendario de los asuntos humanos basado en los movimientos de las esferas celestes.[4]

La rotación diaria de la Tierra sobre su eje y la revolución anual alrededor del Sol se niegan a mezclarse fácilmente con la órbita mensual de la Luna. La combinación de los impulsos solar y lunar siempre ha exigido fórmulas complicadas para alternar entre años de doce y años de trece meses (que hace mucho tiempo convirtieron en infortunado al número trece), o para legislar la duración de los propios meses. Los ripios nemotécnicos de «Treinta días tiene septiembre» pierden enseguida su rima y su métrica en la lucha por encajar el número exigido de días en meses que coincidirán con estaciones a lo largo de los años venideros.

Aunque un reloj atómico mide mejor el tiempo que el baile de los planetas, es el reloj el que hay que reajustar en consonancia y el que debe ceder ante la autoridad de los

4. Un segundo, que en otro tiempo dividía un año solar medio en 86.400 partes iguales, se define actualmente como el tiempo que un átomo de cesio-133 cerrado tarda en completar 9.192.631.770 vibraciones naturales. Desde 1972, el International Earth Rotation Service (Servicio Internacional de Rotación de la Tierra) ha añadido veinticuatro segundos intercalares, insertados siempre en los primeros momentos de enero o julio.

orbes imprecisos. En efecto, ¿de qué sirve la presuntuosa capacidad de juzgar que la Tierra se retrasa un segundo si la primavera llega cuando quiere?

En la Luna, un solo lapso de tiempo —nuestro mes lunar— sirve por igual para el día y para el año. En el curso de este año diario, conforme la Luna gira sobre su eje y alrededor de la Tierra, la luz y el calor del Sol se difunden primero sobre nuestro hemisferio lunar y después sobre el otro, garantizando a cada uno de ellos dos semanas de luz diurna continua a las que siguen otras dos semanas de noche gélida.

Muchos consideran que el lado más lejano de la Luna es el lado oscuro, porque está perpetuamente escondido de la Tierra, pero también atraviesa fases que complementan las fases plena o parcialmente luminosas que observamos en el lado más próximo. Del mismo modo que la luz del Sol baña la mitad de la Tierra en todo momento, también ilumina la esfera lunar.

Los astronautas del *Apolo* que pisaron la Luna aterrizaron en la cara cercana a primera hora de la mañana lunar, antes de que la temperatura alcanzara al mediodía su punto máximo de 107 °C. Hasta las dos últimas tripulaciones del *Apolo*, que permanecieron en la superficie durante una misión de tres días, aterrizaron y despegaron dentro del plazo de media mañana lunar.

Ninguno de ellos puso el pie en la cara lejana, aunque todos vieron directamente su extraño terreno desde la órbita lunar y siguen siendo los únicos seres humanos que lo han visto. Podrían haber formulado cualquier expletivo o sentimiento en la emoción personal de aquella revelación, pues viajar por detrás de la Luna les cortó el contacto por radio con Houston y el resto del mundo. Los pilotos de los módulos de mando del *Apolo*, que permanecieron en órbita mientras los equipos de aterrizaje trabajaban en la superficie, experimentaron una soledad profunda en la cara lejana, desconectados de toda civilización —incluidos sus compañeros— durante 48 minutos de cada circuito de dos horas alrededor de la Luna. La cara lunar más lejana es el único punto del Sistema Solar que no capta las señales de radio de la Tierra.

Como la mitad oculta de cualquier ser vivo, la cara lejana tiene un escaso parecido con la cara que la Luna muestra al mundo. Allí los cráteres son tan abundantes que se traslapan y apenas se ven las extensiones oscuras y lisas de lava estancada que caracterizan a la cara cercana. Al parecer, la corteza más gruesa de la faz posterior contuvo la expulsión de lava desde el interior.

Toda actividad geológica lunar cesó hace alrededor de unos 3.000 millones de años, después de que el último bombardeo intenso despejase el Sistema Solar de los proyectiles masivos más amenazadores. Hoy, un meteorito con una tonelada de masa golpea a la Luna a un promedio no superior a una vez cada tres años. El adventicio seísmo lunar puede atribuirse con seguridad a una débil reacción a la presión de las mareas, no a los movimientos de un planeta vivo con un núcleo líquido.

Solo los micrometeoritos siguen cayendo con regularidad sobre la Luna muerta, cuyo polvo espesan en una millonésima de milímetro por año. Esta afluencia constituye la principal fuerza tectónica que actúa sobre nuestro satélite. Los selenólogos lo llaman «jardinería», pues los recién llegados se mezclan y revuelven el «suelo» lunar cuando se infiltran en él. El sutil proceso apenas perturba la actual vida inerte de la Luna: el despliegue de instrumentos científicos, los restos de las diferentes fases de los cohetes y los tres vehículos de exploración aparcados.

Entre los talismanes personales que se abandonaron allí voluntariamente, llama la atención una foto en la que posan un astronauta y su familia. Alguien se ocupó de proteger la foto envolviéndola en plástico, como si algo pudiera ocurrirle en la superficie árida y sin incidentes de la Luna, donde la huella de una bota tiene una esperanza de vida de un millón de años y cada partícula de polvo posee el sabor de la inmortalidad.

7

Ciencia ficción

Llámame «eso» o llámame «Allan Hills 84001», mi nombre de pila; incluso serviría «la marciana». Aunque solo soy una roca y no puedo responder, permíteme la petulancia de una identidad consciente durante el espacio de estas pocas páginas para que pueda hablar en nombre de Marte, adonde viajé en virtud del azar y las leyes de la física.

De los veintiocho meteoritos claramente identificados hasta la fecha, yo soy con mucho el más antiguo y el único que muestra, visto al microscopio, formas internas y residuos similares a los formados por bacterias terrestres primitivas. Estos hallazgos me han convertido en la roca más estudiada de todos los tiempos.

Cabría suponer que me ha contaminado la vida de la Tierra durante los 13.000 años que estuve depositado en los campos de hielo del Antártico hasta que los científicos me recogieron allí en 1984. Hasta que descartaron la posibilidad, los científicos, desde luego, aceptaron la contaminación y concluyeron, casi sin darle crédito, que era más probable que yo hubiese albergado en otro tiempo a seres pequeños en mi planeta natal: criaturas quizás ya extintas cuando el impacto de un asteroide me expulsó de la superficie de Marte, hace 16 millones de años.

Mi historia, en consonancia con la de Marte respecto

de los humanos, parece unida a la marciana, a pesar de mi vaguedad sobre este tema. Tengo poco que decir sobre la vida fósil y aún menos conjeturas que aportar sobre la vida actual en Marte. Por consiguiente, no hago afirmaciones audaces, para que no me pongan en compañía de alienígenas tan ferozmente imaginarios como los gusanos de arena gigantes de Arrakis o los hombres verdes y los grandes monos blancos de Barsoom.[1]

Sin embargo, proclamo indiscutible mi origen marciano. Mi constitución refleja la estructura química de rocas y polvo examinados *in situ* en la superficie del planeta y, desde una órbita cercana, por una nave espacial visitante. Los vestigios de gases, atrapados en burbujas vidriosas dentro de mi matriz, coinciden exactamente con la atmósfera estudiada de Marte, elemento por elemento y con la misma abundancia relativa de isótopos raros. Mi naturaleza foránea nunca habría podido demostrarse antes de la edad actual de exploración del espacio y, sin embargo, llegué a la Tierra sin ayuda de ningún medio de transporte artificial.

La colisión que ocasionó mi viaje dejó en Marte un agujero de varios kilómetros de anchura. Los astrónomos creen haber identificado aquel cráter concreto en imágenes de Marte enviadas por satélite, cerca de un pequeño valle en las tierras altas meridionales. La violencia del impacto lanzó por los aires a la atmósfera poco densa, a gran velocidad, toneladas de roca crustosa, y todos los pedazos más veloces —los acelerados hasta superar la velocidad de escape local de unos 4,82 kilómetros por segundo— salieron despedidos para siempre del suelo del planeta.

Como provengo de una región con muchos cráteres,

1. Véase, por ejemplo, *Dune* (1965), de Frank Herbert, y *Dioses de Marte* (1918), de Edgar Rice Burroughs.

estaba habituada a las caídas de meteoritos, y, de hecho, la cicatriz de una fractura ya atestiguaba que un impacto anterior me había aplastado y recalentado. Pero entonces descubrí que *yo misma* me había convertido en un meteorito o, para ser más exacto, en un meteoroide, es decir, un auténtico trotamundos espacial expulsado de otro mundo y que aún no ha aterrizado en otro. Al cabo de 16 millones de años errando sin un rumbo aparente, llegué tan cerca de la Tierra que me capturó su gravedad, que es tres veces más fuerte que la atracción de Marte. Según todas las posibilidades, debería haberme hundido en el océano, el destino de la mayoría de meteoritos que sobreviven a su tremendo descenso hasta la superficie de la Tierra, pero caí cerca del Polo Sur durante la última glaciación, sobre un lecho de agua congelada.

Las nieves me cubrieron, me encerraron en un glaciar de avance lento y nos desplazamos juntos durante miles de años. Hasta que llegamos a los Allan Hills, y al intentar escalarlos, los abruptos acantilados y los vientos árticos me arrancaron del hielo para dejarme expuesta de nuevo.

Los científicos llegaron a bordo de siete motonieves, en formación de red barredera, buscando rocas en el hielo de un color blanco azulado, con la esperanza de que tales hallazgos resultasen extraterrestres, ya procedieran de la Luna, del cinturón de asteroides o de Marte. Aunque no soy más grande que una pelota de *softball* un poco cuadrada o una patata de menos de dos kilos, me localizaron con facilidad gracias al contraste de color. «Esa piedra verde»: fue como me vieron en aquella extensión deslumbrante de hielo y luz, para más tarde adquirir un tono gris, «un gris mate», en el laboratorio.

Me enviaron por avión a Estados Unidos, al centro espacial Johnson de Houston, Texas, donde establecieron mi edad dos mediciones independientes de radio-isótopos madre e hija, una para analizar la proporción de samario que había decaído en neodimio en mi interior, y la otra para rastrear la transformación radiactiva de rubidio en estroncio. Ambos ensayos dieron el mismo resultado y calcularon un lapso de 4.500 millones de años desde mi cristalización, aunque los test no dijeron nada de mi procedencia. Al principio, los examinadores me tomaron por una roca ígnea del asteroide Vesta, pero más tarde encontraron un haz estrecho de electrones en algunos de mis granos, excitando mis átomos cercanos a la superficie para que emitieran rayos X que revelasen la verdad más amplia de mi composición extraterrestre, en especial, la forma de hierro que contengo, que me identificó claramente como marciana.

Mi edad sumamente avanzada me distingue de otros meteoritos marcianos conocidos. A mis 4.500 millones de años, cuadruplico la edad del segundo más viejo de mi grupo, lo que sugiere que soy un fragmento de la corteza planetaria original de Marte. No ha sido descubierta todavía ninguna roca terrestre comparable, pues la más antigua no supera los 4.000 millones, y solo una roca recogida en la Luna, la llamada «roca Génesis», rivaliza con mi antigüedad extraordinaria.

Tenaz vestigio de los días más tempranos del Sistema Solar, me he mantenido prácticamente sin alteraciones a través de eones que es probable que me hayan visto pulverizada por el impacto o fundida en un volcán y, tras enfriarme, posteriormente reencarnada.

Marte respeta mucho la longevidad. Casi toda su superficie se conserva hoy como ha sido siempre, mientras que la Tierra y Venus siguen reinventando la suya por medio de levantamientos continuos. Pero Marte no es un conservacionista acérrimo, como la Luna o Mercurio, cuyos panoramas estáticos moldean casi totalmente fuerzas exteriores. Por el contrario, mi planeta, un globo de tan solo la mitad de tamaño que la Tierra, elevó las montañas más altas del Sistema Solar, excavó vastos valles laberínticos, inundó sus tierras con agua líquida y después las congeló hasta formar un desierto de dunas espectaculares, en una paleta de rojos, amarillos y marrones tan vivos como para que Marte, visto desde lejos, brille como una estrella anaranjada.

El paisaje marciano ofrece un desierto más de polvo que de arena, y cuando sus partículas de polvo herrumbroso, finas, tersas y ricas en hierro, penden en el espacio como una bruma humeante, comparten su color con el aire. La atmósfera rosácea, compuesta principalmente de anhídrido carbónico, ejerce una presión apenas perceptible a nivel del suelo, solo una centésima parte de la de la Tierra, pero ¡cómo activan sus vientos al polvo! Demonios de polvo solitario se alzan en espirales y serpentean por los espacios abiertos. Masas de polvo ascienden en frentes tormentosos de remolinos amarillentos que pueden durar días y que a veces desembocan en tempestades globales que envuelven Marte durante meses, hasta que el aire pulverulento se cansa de su carga.

Brillantes casquetes de hielo blancos en los polos del planeta avanzan y retroceden sobre el suelo rojizo, en un rítmico ciclo estacional de clima cambiante. Entre los polos, el terreno se divide en mitades desiguales, y la mayoría de las tierras altas, antiguas y con muchos cráteres, se concentra en el hemisferio sur, de donde yo provengo, y las llanuras, más jóvenes y bajas, en el norte. Esas llanuras son tan bajas que el planeta parece torcido, con el polo sur seis kilómetros y medio más lejos del ecuador que el polo norte.

Justo al norte del ecuador, el imponente Olympus Mons alcanzó su altitud de Alpes encima de las Rocosas sobre el Himalaya muy pronto en la historia de Marte, cuando el calor residual de la coalición planetaria escapó en erupciones de lava lo bastante copiosas para levantar una docena de montañas monstruosas y veintenas de montes más pequeños. Desde entonces, las cumbres marcianas han visto abrirse muchos cráteres en sus laderas, pero apenas han sufrido erosión. Las nubes blancas de vapor de agua alrededor de las cimas no descargan lluvias dañinas sobre sus faldas, y los vientos que llegan solo transportan partículas finas y lisas de polvo arcilloso, casi demasiado blandas para desgastar la roca.

Al este del Olympus, antiguas fallas partieron en dos miles de kilómetros de terreno para abrir los grandiosos cañones del Valles Marineris. Los desprendimientos de tierras ensancharon estas simas y aguas impetuosas las ahondaron, moldeando islas en forma de lágrimas sobre sus lechos, pero todos los valles escarpados del planeta están vacíos ahora que el suministro de agua marciana ha desaparecido de la vista.

El clima más caluroso y húmedo del pasado lejano quizás terminara abruptamente cuando los impactos que excavaron las cuencas más anchas y más profundas eliminaron el vapor de agua y el nitrógeno que antaño espesaban la atmósfera. Entonces el agua líquida huyó de la superficie por todos los medios a su alcance, se evaporó y se disolvió en el espacio, fluyendo hacia acuíferos escondidos e hibernando como permafrost subterráneo.

Mi experiencia de Marte se remonta a una era de agua líquida. Entre 1.800 y 3.600 millones de años atrás, con el escaso margen con que pueden calcularlo los cosmoquímicos, me bañaba el agua de manantiales calientes marcianos que impregnó las grietas que yo conservaba de conmociones anteriores y las forró con venas de minerales carbonatados. Estos depósitos minerales ahora componen una décima parte de mi estructura, y en ellos residen todos los signos de vida que llevo dentro.

Por asombroso y sin precedentes que sea mi cargamento de materiales extraterrestres, la ciencia *adopta* la posibilidad. Las fuerzas que suscitaron la aparición de la vida en la Tierra, hace de tres a cuatro mil millones de años, podrían haber hecho lo mismo en Marte en aquella época temprana. Aun suponiendo que únicamente en la Tierra, entre todos los planetas, llegó a brotar la vida, sigue siendo concebible que una arqueobacteria, como mínimo, abandonase la Tierra, cerrada en un estado de animación en suspenso, igual que una espora, en el interior de un meteoroide, y llegara a Marte en virtud del mismo concurso de circunstancias que me trajo a mí aquí. Sin duda, ha transcurrido el tiempo suficiente en la vida del Sistema Solar para que esta secuencia de hechos haya acontecido y quizás incluso se haya repetido.

Leer la prueba que contiene mi interior fracturado es ensanchar los límites tanto de la intuición como de la instrumentación. Imágenes de alta resolución de un microscopio electrónico muestran colonias, como de bacterias, de figuras minúsculas con forma de salchicha, entre ellas una con segmentos similares a los de un gusano. Sin embargo, tras la aparición de fotos ampliadas en noticiarios de todo el mundo en 1996, una investigación adicional indicó que los presuntos microfósiles no eran vestigios marcianos ni terrestres, sino artefactos de procedimientos de laboratorio que se habían utilizado para preparar el estudio de mis muestras. El proceso causó cambios en la textura que inexplicablemente copiaban el contorno de formas de vida conocidas, de la misma manera que una duna de Marte barrida por el viento puede adoptar por casualidad el perfil de un rostro humano.

Otros tres promisorios indicadores de vida, entre ellos mi contenido de moléculas orgánicas llamadas hidrocarbonos policíclicos aromáticos, no proporcionaron una prueba concluyente. Aún quedan por explicar, o aún no se ha aventurado una teoría convincente, los granos diminutos de magnetita alrededor de mis glóbulos de carbonato. Ningún proceso inanimado, que se sepa hasta la fecha, genera este tipo de magnetita pura, que producen en la Tierra bacterias acuáticas de la variedad MV-1. Los cristales oscuros y singulares, aunque bastan, son lo único que sostiene ahora la esperanza que he expresado de vida en Marte.

La probabilidad, largo tiempo aceptada, de que Marte sea una morada de vida alternativa se funda en el terreno sólido de este planeta y en que la pauta de sus días y noches es similar a la de la Tierra. Un día marciano —un sol— dura solo un poco más de media hora adicional que un día terrestre, ya que los dos cuerpos giran casi al mismo ritmo. También se ladean sobre sus ejes casi con el mismo ángulo, el de Marte 25° y el terrestre 23,5°, lo que explica que el paso de ambos a través de las estaciones sea parecido a lo largo del año.

El rumbo más amplio de la órbita marciana alarga naturalmente cada estación, ya que Marte tarda 687 días terrestres en completar su giro más largo y más lento alrededor del Sol. Todas las estaciones son frías, con un promedio anual de temperatura global de -40 °C, comparada con los 15 °C de la Tierra. El frío imperante, sin embargo, no necesita descartar la posibilidad de vida, teniendo en cuenta todos los nichos en apariencia inhóspitos de la Tierra —dentro de fumarolas volcánicas en el lecho oceánico, en depósitos de petróleo, en sal gema enterrada— que sirven de hogar a gusanos tubulares, ostrácodos rosas con los ojos azules y otros extremófilos conocidos.

Las órbitas de la Tierra y Marte acercan a los dos planetas hasta una distancia entre ambos de 56.300 millones de kilómetros cada quince a diecisiete años, lo que triplica el tamaño de Marte visto al telescopio en estas ocasiones, y de este modo imponen un tempo natural al ritmo del descubrimiento temprano. Cuando Marte estuvo cerca, por ejemplo, en agosto de 1877, sus lunas, cuya existencia se sospechaba desde hacía mucho tiempo, se revelaron por fin como dos compañeros pequeños y oscuros, Fobos y Deimos, casi en el límite de la posibilidad de detección, y que viajaban tan rápido que gracias a estos satélites los meses lunares en Marte pudieron calcularse en cuestión de unas horas.

Durante aquel mismo encuentro planetario de 1877, se avistaron desde Italia redes de *canali* marcianos rectos que se transcribieron en los nuevos mapas de Marte. Los *canali* italianos se tradujeron en «canales» ingleses a tiempo para la siguiente aproximación, en 1892, cuando un entusiasta norteamericano insistió en que había visto varios cientos de canales y no tardó en atribuir su existencia a los desesperados intentos de irrigación de una especie moribunda.[2]

La idea fija de un *alter ego* marciano orientó los preparativos para la siguiente aproximación, en agosto de 1924, en que unos locutores civiles y militares propusieron un silencio radiofónico de tres días con objeto de captar señales inteligentes de los marcianos. El ejército estadounidense ordenó a su oficial jefe de señales que tratara de descifrar

2. Véase Percival Lowell, *Mars* (1895), *Mars and its Canals* (1906) y *Mars as the Abode of Life* (1908).

todas las transmisiones interceptadas, y aunque no se verificó el valor de sus servicios en este aspecto, radiotelegrafistas británicos y canadienses informaron de que habían oído varios silbidos no identificados. Entretanto, observadores situados en los Alpes suizos lanzaron un saludo a Marte consistente en un rayo de luz amplificado con lentes que se reflejó en las laderas cubiertas de nieve de la Jungfrau, y los astrónomos confirmaron que los puntos móviles luminosos que se vieron a través de telescopios perfeccionados eran nubes de la atmósfera marciana.

En vez de esperar decenios a fin de que los planetas se alinearan solos en posiciones tan favorables para la investigación, los planetólogos y los científicos aeroespaciales de la década de 1960 empezaron a aprovechar las oportunidades ideales de lanzamiento, que surgen cada veintiséis meses, para enviar una serie de naves que se acercaran, orbitaran y aterrizaran en Marte. Aquellas naves siguieron el eficaz y resuelto itinerario de la trayectoria orbital de transbordo Hohmann, calculada para transportarlas desde el lanzamiento en la Tierra hasta la intersección con la órbita marciana en menos de un año, justo a tiempo de interceptar al planeta en este punto.[3]

Diversos percances han impedido que la mitad de las naves destinadas a Marte llegaran a su difícil objetivo o tuvieran en él un funcionamiento rentable, y entre los contratiempos hubo tres aterrizajes fallidos de naves que, por accidente, se estrellaron contra el suelo o se destruyeron al establecer contacto. Sin embargo, entre los numerosos éxitos figuran las cinco que consiguieron instalar laboratorios

3. Véase S. Glasstone, *The Book of Mars*, NASA Special Publication 179 (1968).

de campo estáticos y ambulantes, automatizados para tomar muestras de aire y de suelo marcianos.

Viking 1 y *2*, la primera pareja terrestre de científicos robots gemelos que exploró Marte en busca de vida, llegó a las llanuras doradas de Crises y Utopía en el verano de 1976, mientras yo aún seguía sepultada en el glacial Antártico. Se instalaron en lugares de aterrizaje con nombre de fantasías clásicas y vagas impresiones decimonónicas de mi mundo natal. Incluso ahora, cuando los reconocimientos del terreno han revelado la topografía real de Marte, subsisten muchas alusiones románticas en el proyecto de nomenclatura, por lo demás lógico, establecido por aerógrafos modernos. De este modo, los grandes valles de río seco descubiertos a principios de 1970, tales como Ares Vallis y Ma'adim Vallis, reconocen a Marte, el dios de la guerra, o la palabra *estrella* en diversos idiomas humanos: la única excepción es el Valles Marineris, el mayor de todos los valles, que honra la memoria de su descubridor, *Mariner 9*, el primer satélite artificial que orbitó alrededor de un planeta distinto de la Tierra. Los valles más pequeños reciben su nombre de ríos terrestres, clásicos o actuales. (Evros Valles, cerca de mi antiguo hogar, comparte su nombre con un río de Grecia.)

Los cráteres grandes y antiguos, visualizados de nuevo, hoy ostentan los nombres de científicos y escritores de ciencia ficción, como Burroughs y Wells, y los cráteres pequeños los de pueblecitos de la Tierra con menos de 100.000 habitantes. En el nivel más bajo, a las rocas de superficie individuales localizadas en las fotos tomadas de cerca por naves posadas las han bautizado con apelativos caprichosos de cómics y cuentos, como por ejemplo Calvin y Hobbes, Winnie the Pooh y Piglet, Rocky y Bullwinkle, o con apodos basados en su aspecto: «Tartera», «Rombo» y «Pan de centeno». Aunque mi propio nombre es específico y descriptivo, de vez en cuando me han llamado «Gran Al» y otros apodos apropiados en los debates a puerta cerrada entre investigadores.

En la actualidad, hay naves espaciales que han cumplido largos períodos de actividad en Marte y transmitido flujos de información tan continuos que han permitido a geólogos y climatólogos controlar tendencias en el curso del tiempo, en particular, el carácter transitorio de los casquetes polares marcianos. Al comienzo de cada otoño en el sur, nada menos que una tercera parte de la atmósfera se filtra como nieve en polvo desde el cielo de color salmón formando una escarcha blanca de anhídrido carbónico. El hielo seco espesa un metro más el casquete polar meridional y envuelve el hemisferio austral, hasta la mitad de camino al ecuador, durante todo el invierno, la estación del sur más larga. En la primavera, la atmósfera reabsorbe directamente la escarcha blanca sin una pausa para que se derrita. Pronto abandona de nuevo el cielo y se precipita sobre el Polo Norte cuando allí llega el otoño.

En otros estudios, la nave espacial estacionada en Marte ha analizado la fuerza del campo de gravedad de mi planeta, medido el contenido y la presión atmosféricos, cronometrado la velocidad del viento, comparado la altitud de las montañas con la profundidad de las cuencas, rastreado a ras de suelo eventuales «martemotos» y también detectado un núcleo de hierro, ya solidificado, y que ya no es capaz de generar un campo magnético.

De hecho, en territorio marciano hay actualmente tantas naves espaciales enviando miles y miles de imágenes que la fisonomía del planeta se vuelve cada vez más refinada y compleja para los terrícolas y, en consonancia, surgen nuevas teorías que a medida que proliferan las misiones suscitan tantas más controversias entre la comunidad científica.

Desde una perspectiva marciana, la suma de todo este examen podría entenderse como una invasión hostil.[4] Los enviados de la Tierra, sin embargo, no han encontrado seres sensibles a la agresión y solo han hallado indicios muy ligeros y equívocos de alguna actividad biológica. La tierra rojiza de Marte, rica en peróxido de hierro y otros agentes oxidantes, se esteriliza metódicamente a sí misma y a todos los recién llegados. Los compuestos orgánicos transportados a la superficie marciana en meteoritos o naves espaciales son destruidos en el acto por los agentes químicos altamente reactivos de la era actual. Cualquier material orgánico que sobreviviese al ataque químico sucumbiría sin duda ante el desmantelamiento físico operado por la radiación ultravioleta solar, ya que la atmósfera de Marte no ofrece una protección comparable a la capa de ozono de la Tierra.

Los astrobiólogos insisten en que la vida en Marte, como el agua antaño abundante en el planeta, simplemente podría haberse vuelto subterránea para evitar estos peligros, y quizás aún sea posible descubrirla, existente o extinta, mediante una búsqueda diligente. Los astrónomos aceptan este dictamen y aseguran que, aunque se demuestre, en última instancia, que no hay vida en Marte, su medio ambiente único seguirá atrayendo a sus costas congeladas a exploradores robóticos y humanos.

Algunos visionarios ven en Marte una morada potencial en una alta frontera que aguarda colonización.[5] Pro-

4. Véase H. G. Wells, *La guerra de los mundos* (1898).

5. Véase Arthur C. Clarke, *Las arenas de Marte* (1951), Robert A. Heinlen, *Red Planet* (1949) y Kim Stanley Robinson, *Trilogía de Marte: Marte rojo* (1993), *Marte verde* (1995) y *Marte azul* (1997).

gramas científicamente factibles para una terraformación de Marte con el fin de aumentar su semejanza con la Tierra proponen la construcción de hábitats apropiados mediante el procedimiento, por ejemplo, de calentar el Polo Sur marciano con enormes espejos situados en el espacio que enfocarían y ampliarían la luz del Sol, forzando al casquete residual polar de anhídrido carbónico a convertirse en una especie de géiser de gas invernadero.

En el calor subsiguiente, el agua potable pura podría manar del hielo en el Polo Norte, extraerse del copioso permafrost enterrado o, químicamente, de áreas seleccionadas de la corteza endurecida del planeta.

Los planificadores dicen que pueden obtener el mismo efecto de otra manera: preparando un medio ambiente seguro para unas cuantas variedades resistentes de microbios y liberándolos en el regolito marciano para que ingieran nutrientes disponibles y expelan gases, entre ellos amoníaco y metano, que después espesarían la atmósfera y la habilitarían para retener más calor y, en consecuencia, elevar la temperatura ambiente con el fin de crear un entorno de clima agradable.

Los defensores de un manifiesto destino interplanetario suponen que tanto si Marte ha estado alguna vez habitado por marcianos sensibles como si no, los terrícolas acabarán siendo marcianos.[6]

Me los imagino en la superficie despiadada, vestidos con trajes de protección especialmente concebidos para Marte, viviendo en módulos abovedados y trabajando debajo de un campo magnético artificialmente generado que les resguarde de rayos cósmicos nocivos mientras aprovechan la energía del viento y convierten en energía eléctrica

6. Véase Ray Bradbury, *Crónicas marcianas* (1950).

reservas locales de pesado hidrógeno. Además de sus tareas en el desierto, donde cultivan cosechas comestibles en invernaderos y realizan prospecciones en busca de tesoros minerales, continúan su meticuloso reconocimiento del planeta, que recorren en tractor o a pie, escalando alturas y bajando a simas, mitad con la esperanza y mitad con el miedo de que están allanando una propiedad ajena.

Supongo que es su condición de seres vivos y su sentimiento de que viven una vida tan corta lo que impulsa su obsesión de buscar otra vida en cada recoveco posible. Aunque logren preparar el camino para que sus compatriotas se les unan en la fundación de la gran civilización marciana, no cejarán en sus esfuerzos de rastrear cualquier cosa que hubiera podido arañar el polvo rojo antes de su llegada.

8

Astrología

Cuando Galileo, un piscis con ascendente Leo, dirigió su catalejo a la oscuridad que se extendía sobre Padua en el invierno de 1610, «guiado», dijo, «por no sé qué destino», el planeta Júpiter se le apareció con cuatro lunas nuevas que ningún ser humano había visto antes.

Galileo dio las gracias a Dios por esta visión y alabó el catalejo nuevo que le había permitido obtenerla. Pero no hay duda de que la alineación de los planetas en aquellas noches de enero también había propiciado su éxito. En efecto, Venus, junto con Mercurio, se escondía debajo del horizonte. Saturno se puso temprano por la noche y para cuando se alzó Marte, tres horas antes del alba, ya hacía mucho que el frío y la fatiga habían obligado a Galileo a recogerse dentro de su casa. Hasta la Luna, aunque casi llena al comienzo de la vigilia del astrónomo, se retiró poco a poco y dejó que Júpiter, oposición radiante, vagara solo por las estrellas.

Apenas había Galileo discernido a las cuatro acompañantes del planeta cuando vio lo que presagiaban para su futuro: podría obtener un cargo en la corte toscana si las bautizaba con el nombre de su eminente protector, el joven príncipe florentino Cosme de Médici. Dada la prominencia de Júpiter en el horóscopo de Cosme, que Galileo ya le había hecho, las cuatro lunas tenían que representar al chico y a sus tres hermanos menores y, por consiguiente, habría que denominarlas en adelante las estrellas Médicis.

«Digo que fue Júpiter», le recordó Galileo a Cosme, «quien en el nacimiento de Su Alteza, tras haber atravesado ya los vapores turbios del horizonte y haber ocupado el cielo medio», con lo cual se refería a que Júpiter había ascendido a la posición dominante y muy auspiciosa, según la astrología del Renacimiento, «e iluminado la arista oriental», es decir, afectando al signo ascendente, «de su casa real» (Júpiter considerado como el rey de los planetas), «contempló el nacimiento tan afortunado de Su Alteza desde aquel sublime trono y vertió todo su esplendor y grandeza en el aire más puro, para que desde su primer aliento, Su tierno cuerpecito y Su alma, ya adornada por Dios con nobles prendas, absorbieran este poder y autoridad universales».

Así pues, Júpiter había otorgado a Cosme la confianza expansiva y la noble preocupación ética propias de un dirigente nato. Se sabía que el efecto positivo de Júpiter, al que los practicantes del arte estelar llamaban «el bienhechor más grande», elevaba a una persona de la pequeñez a la grandeza y le prometía salud y cordura, ligereza, sabiduría, optimismo y generosidad.

> De hecho —anotó Galileo—, parece que el propio Hacedor de las estrellas, con claros argumentos, me exhortó a anteponer el nombre ilustre de Su Alteza al de todos los demás para esos nuevos planetas. Pues, así como estas estrellas, al igual que los vástagos dignos de Júpiter, solo se apartan de su lado una mínima distancia, ¿quién no conoce la clemencia, la dulzura de espíritu, los modales afables, el esplendor de la sangre real, la majestad en sus acciones y la amplia au-

toridad y mando sobre otros, cualidades todas ellas que encuentran su domicilio y exaltación en Su Alteza? ¿Quién, pregunto, desconoce que todas emanan de la estrella más benigna de Júpiter, que después de Dios es el origen de todos los bienes?

El revuelo que causó el anuncio que hizo Galileo de sus descubrimientos indujo a unos pocos observadores a preguntarse en voz alta en qué medida los cuatro nuevos cuerpos celestes afectarían a la astronomía, por un lado, y a la astrología, por el otro.

Pronto las estrellas Médicis prestaron apoyo astronómico al impopular sistema heliocéntrico de Copérnico. Al mostrar que rodeaban a Júpiter mientras este, a su vez, proseguía sus órbitas celestes, los nuevos satélites hicieron verosímil la idea de que la Tierra se mueve por el espacio, junto con la Luna, alrededor del Sol.

En este punto, la astrología rompió con la astronomía, obligada por su enfoque en la experiencia humana a conservar su visión geocéntrica. Tampoco los astrólogos juzgaron necesario asignar una nueva esfera de influencia a las estrellas Médicis. Más bien continuaron estimando solo a la Luna de la Tierra, a la que consideraban el controlador antiguo, familiar, femenino de las reacciones emocionales y las pautas de actividad cotidianas.

Por ejemplo, en la propia carta astral de Galileo, el Sol está en Piscis,[1] pero la Luna se encuentra en el signo de

1. Dos horóscopos confeccionados por Galileo en su vida (1564-1642) muestran que su Sol se acerca seis grados a Piscis. Aunque el hecho de haber nacido en Pisa, el 13 de febrero, parece convertirle en un Acuario (ya que Acuario es el signo del Sol de los nacidos entre el 20 de enero y el 18 de febrero), la reforma del calendario de 1582 desplazó al día 25 la fecha de su nacimiento.

Aries en el cielo medio, lo que indica que se trata de un individuo muy imaginativo, independiente e inventivo, dotado de una mente inquieta y que traspasa las fronteras existentes como pionero y aventurero, e incluso como un guerrero del cielo. Al mismo tiempo, la Luna ocupa la novena de las doce casas mundanas; a la casa regida por Júpiter se la asocia tradicionalmente con la comprensión y el conocimiento. El mismo Júpiter que nadaba como un pequeño globo en el ocular del catalejo residía, en el horóscopo de Galileo, en el signo de Cáncer —donde los astrólogos dicen que el planeta es «exaltado» o es más libre de expresarse a través de la experiencia de los individuos—, y también se unía con Saturno en la casa duodécima. Júpiter y Saturno alineados en la casa del encierro auguraban éxito a Galileo hacia los cuarenta o cincuenta años. (Tenía cuarenta y siete cuando publicó los hallazgos astronómicos que le reportaron una fama instantánea.) Juntos, Júpiter y Saturno insinuaban que Galileo afrontaría crisis ideológicas (como su conflicto posterior con la Inquisición, quizás) y viviría recluido y solo (como así fue, sometido a reclusión domiciliaria sus últimos ocho años). La aleccionadora cercanía de Saturno atempera, en el nacimiento de Galileo, la efervescente vivacidad y fecundidad de Júpiter.

Este planeta adquirió su manto astrológico de benevolencia y generosidad en los tiempos babilónicos, alrededor del año 1000 a. C., mucho antes de que sir Isaac Newton (un Capricornio) captara su descomunal tamaño físico observando cómo atraía a las lunas de Galileo. Los antiguos no tenían manera de evaluar el tamaño de los planetas ni las distancias entre ellos y, por tanto, el hecho de que asociaran a Júpiter con la grandeza plantea un misterio para la astronomía y la astrología por igual.

Como corresponde al planeta en expansión, Júpiter supera en más del doble la masa de los otros ocho planetas juntos. Comparado solo con la Tierra, mide 318 veces la masa terráquea y tiene un volumen 1.000 veces mayor. Sin embargo, el diámetro jupiterino es «solo» once veces más grande, puesto que el gigante se comprimió al ir creciendo y su diámetro se expandía en menor grado que su masa y su volumen.

Júpiter, que es un mundo aparte de los planetas terrestres, imita al Sol en su composición y actitud. Se compone casi exclusivamente de hidrógeno y helio y reina sobre su propio Sistema Solar, una réplica formada como mínimo por sesenta satélites cuasi planetarios: Galileo descubrió los cuatro más grandes y se han descubierto otros cincuenta y nueve (hasta la fecha) desde el advenimiento de la era de Acuario.

Aunque muchas de las lunas de Júpiter son cuerpos rocosos, el gigante gaseoso no posee una superficie sólida ni terreno de ninguna clase. La faz que presenta a los observadores de la Tierra es una extensión de puro clima: cada rasgo identificable resulta ser un banco de nubes, un ciclón, un chorro de aire, un rayo o una cortina de luces de la aurora. En Júpiter, una tormenta puede durar siglos sin llegar a tocar suelo. Tampoco hay cambios estacionales que perturben sus pautas climáticas, ya que se yergue derecho sobre su eje, con una inclinación de solo tres grados.

Vientos compensatorios que soplan al este y al oeste organizan sus nubes como un dosel de bandas horizontales. Los chorros de aire que circulan hacia el este alternan con los alisios que soplan hacia el oeste para formar algunas decenas de cinturones oscuros y zonas brillantes, cada una confinada en su propia banda de latitud, en la que permanece fija a lo largo del tiempo. A generaciones de observadores de Júpiter les ha maravillado la persistencia de estas claras divisiones.

Cada franja de viento alberga en su interior un drama meteorológico. En el cinturón ecuatorial sureño, por ejemplo, una tormenta estable y de forma oval que se conoce como «la Gran Mancha Roja» viene siendo estudiada sin interrupción desde 1879. La mancha, antaño de un vivo color bermellón, ha adquirido un tono anaranjado pálido y ha encogido hasta la mitad de su antigua anchura (aunque todavía supera el diámetro de la Tierra) sin cambiar nunca su trayectoria. Cuando la Gran Mancha Roja se topa con otras nubes que se desplazan más rápido o más despacio en la misma dirección y dentro del mismo cinturón, las barre y las fuerza a girar en torno a su perímetro durante semanas, hasta que se mezclan con ella o pasan de largo. Sin embargo, las pequeñas tormentas ovales que se gestan en los peligrosos surcos entre flujos que circulan hacia el este y el oeste sucumben enseguida ante fuerzas internas y se desintegran en uno o dos días, como los huracanes.

Las nubes de Júpiter toman su color rojo, blanco, marrón y azul del azufre, el fósforo y otras impurezas de la atmósfera. Los vientos pintan vetas en los colores de las nubes, como si tuvieran un ojo para la belleza, y los remolinos plumean los bordes de los dibujos. Quizás ya se hubieran mezclado y enturbiado todos los colores, después de eones de torbellinos, si cada pigmento no se hubiese aferrado por lo general a su propia capa en una altitud designada de la atmósfera. Los cálidos azules de las nubes bajas solo se vislumbran a través de fisuras en la cobertura de marrones y blancos, que unos centenares de kilómetros más arriba dan paso a los ostentosos y fríos rojos.

Un débil pero detectable fulgor de radiación infrarroja se filtra por las grietas entre la cubierta de nubes. Se trata del calor remanente de la acumulación original del planeta, que asciende poco a poco por convección desde el núcleo a medida que Júpiter se sigue enfriando y comprimiendo. A 800 millones de kilómetros del Sol, Júpiter desprende más calor del que recibe. La mayoría de la energía que impulsa a los vientos jupiterinos procede de su interior, solo ligeramente acrecentada por la débil luz solar que llega desde lejos. El resplandor de Júpiter le ha granjeado una reputación de «estrella fallida», pero su temperatura interna, que se calcula en 9.400 °C, queda muy alejada del infierno de ocho millones de grados que presta su brillo al Sol.

Las vastas nubes multicolores, que es lo único que llegamos a ver de Júpiter, constituyen solo una fina pátina que envuelve al planeta; comprenden menos del 1 por ciento de su radio de 72.000 kilómetros. Por debajo de esas nubes la atmósfera se vuelve más densa y caliente debido a la presión creciente, y el clima se torna más extraño. Aquí el carbono contenido en el metano y otros gases atrapados pueden ser triturados en el cielo hasta convertirse en diamantes diminutos. Los gases dejan de comportarse gradualmente como tales conforme se disuelven en un mar de hidrógeno líquido.

A unos 8.000 kilómetros de profundidad en este medio, donde la presión alcanza como mínimo un millón de veces más que la existente en la Tierra, el hidrógeno líquido se vuelve opaco, metálico, fundido y eléctrico. La mayor parte de Júpiter se compone de hidrógeno comprimido hasta esta exótica fase.

Según la tradición astrológica, a cada planeta le corresponde un metal específico; la plata, por ejemplo, se empareja con la Luna, el oro con el Sol y el mercurio con Mercurio. El metal atribuido a Júpiter ha sido el estaño, no el hidrógeno. Pero ningún alquimista medieval conocía la existencia del hidrógeno, y no digamos ese extraño mejunje de hidrógeno líquido metálico que se produce dentro de Júpiter.

Los científicos modernos han fabricado solo pequeñísimas cantidades de ese hidrógeno, mediante la reverberación de ondas expansivas en aparatos de laboratorio, y cada una de esas muestras tan arduamente obtenidas dura una millonésima de segundo. Sin embargo, los teóricos han descubierto la esencia de la sustancia y, por extrapolación, han explicado muchos aspectos de la naturaleza de Júpiter. Su campo magnético, por ejemplo, que es veinte mil veces más fuerte que el de la Tierra, y que se extiende hasta la órbita de Saturno, surge de ese interior de hidrógeno líquido metálico. Se crea una auténtica dinamo jupiterina en las profundidades del planeta, donde corrientes calientes de calor desprendido remueven un fluido sensible, proyectado con corrientes eléctricas generadas por la rápida rotación de Júpiter.

Su mole colosal completa su giro en poco menos de diez horas, más rápido que cualquier otro planeta. Su cuerpo macizo honra el recuerdo de los albores del Sistema Solar como un disco giratorio, y ninguna de las lunas que lo acompañan puede reducir su ritmo. En cuanto a la velocidad de su revolución en órbita, sin embargo, la gran distancia que le separa del Sol le relaja el paso y añade muchos kilómetros a sus viajes anuales.

Cinco veces más lejos que la Tierra del Sol, Júpiter tarda un largo año, el equivalente de doce terrestres (11 años y 315 días), en describir la órbita del Sol. En su trayecto invierte alrededor de un año terrestre en atravesar cada una de las doce constelaciones del zodíaco. En la astrología tradicional china, la lenta andadura de Júpiter le valió el título de «estrella del año» (*Sui xing*), la que determina los años chinos de la rata, el buey, el tigre, el conejo, el dragón, la serpiente, el caballo, la oveja, el mono, el gallo, el perro y el cerdo. Pero el ciclo chino de animales guarda escasa relación con los doce signos del zodíaco occidental, que incluyen un toro, un león y un cangrejo, así como gemelos semihumanos, una virgen y un aguador.

En la astrología occidental, uno u otro planeta «gobierna» el signo con el que comparte una afinidad natural. Júpiter, el planeta al que se considera más afortunado, rige Sagitario, el arquero, el signo de las personas nacidas desde mediados de noviembre a mediados de diciembre, de las que se dice que se expresan con sinceridad y sin prejuicios. Durante muchos siglos Júpiter rigió asimismo el signo de Piscis, el pez, cuyos nativos de febrero y marzo (Galileo entre ellos) son maestros de la memoria y la introspección. Pero después del descubrimiento y bautizo de Neptuno, en 1846, el nuevo planeta pasó a asociarse astrológicamente con el agua y arrebató Piscis a Júpiter.

A diferencia del tenue y lejano Neptuno, Júpiter brinda a simple vista semejante espectáculo de luz dorada en el cielo nocturno que su presencia se ha conocido desde la antigüedad, razón por la cual su descubrimiento no puede fecharse. Aunque se ha deducido la fecha de su nacimiento, el lugar de este puede encontrarse más allá de la región que el planeta ocupa actualmente.

Los astrónomos planetarios dicen que Júpiter se formó hace 4.500 millones de años a partir de un germen de roca en un emplazamiento fortuito que lo predispuso al gigantismo. Lejos del proto-Sol, el protoplaneta rodó por entre los dominios fríos de la nebulosa primordial, haciendo acopio de penachos helados de compuestos ricos en hidrógeno, como el metano, el amoníaco y el agua. Tras alcanzar rápidamente diez o veinte veces la masa de la Tierra, el joven Júpiter atrajo el gas ligero, todavía abundante, de la nebulosa, y engordó su mole con hidrógeno y helio.

Ningún mundo pequeño habría retenido tan amplia envoltura de gas, pero Júpiter lo consiguió gracias a su masa superior y, por tanto, su gravedad más intensa. Su poder de atracción, el mayor de todos los planetas, también desviaba a cometas de paso de sus sendas alargadas alrededor del Sol, y los forzaba a integrarse en la órbita jupiterina. Lo más probable es que Júpiter aumentase sus reservas de carbono, nitrógeno y azufre consumiendo cierto número de estos cometas.

El mundo entero presenció una captura de este tipo cuando el cometa periódico Shoemaker-Levy 9 se estrelló contra la masa de nubes de Júpiter. En 1992, este cometa pasó tan cerca de él que Júpiter lo despedazó en veintiún trozos tan grandes como icebergs, además de muchos otros tan pequeños como bolas de nieve. Después, los pedazos circundaron dos años el planeta en fila india, como una ristra volante de perlas, antes de hundirse hacia su destrucción, uno tras otro, en el plazo de una semana de mediados de julio de 1994. Al caer a través de la atmósfera de Júpiter, explotaron en bolas de fuego y columnas de restos de miles de kilómetros de altura.

Cada detonación abrió un boquete enorme en las nubes, hasta que se formó un collar completo de perlas negras en torno a Júpiter, justo al sur de la Gran Mancha Roja. Aunque todos los fragmentos del cometa cayeron en la cara lejana del planeta, fuera del alcance de los telescopios, la rápida rotación no tardó en exponer a la vista cada nuevo impacto. Las manchas oscuras se extendieron después como una fina capa sobre vientos y ondas expansivas, y se dispersaron día tras día hasta desaparecer prácticamente a finales de agosto, antes de que los científicos pudieran distinguir entre el material del cometa y el inventario de elementos dragados del planeta.

Tras la exploración natural e involuntaria que el cometa realizó de la atmósfera jupiterina, la nave espacial *Galileo* llegó a Júpiter diecisiete meses después, en diciembre de 1995, y depositó a través de las nubes una sonda que transportaba siete instrumentos científicos.

En la única hora en que operó antes de que la destrozaran el calor y la presión, la sonda *Galileo* envió por radio informes de testigo ocular. Descubrió que los vientos altos observados a grandes altitudes soplaban con mucha mayor fuerza más abajo, fortaleciendo así la idea de que los vientos extraen su energía de las profundidades del planeta. La sonda también midió cantidades relativamente grandes de los gases nobles argón, criptón y xenón en Júpiter. La abundancia de estos elementos fue lo que indujo a los astrónomos a creer que el planeta nació lejos del lugar que hoy ocupa: en un espacio donde el joven Júpiter podía incorporar depósitos congelados de gases nobles. Razonaron que más adelante se aproximó debido a incontables interacciones gravitacionales con otros cuerpos del Sistema Solar.

La singularidad *in situ* de su posición estratégica permitió a la sonda *Galileo* refutar con cada descubrimiento teorías largo tiempo aceptadas. De un modo similar, las cosas no descubiertas causaron consternación y suscitaron conjeturas entre la comunidad de la ciencia planetaria, como cuando los datos recogidos revelaron la ausencia de agua.

Los astrónomos habían predicho que la sonda, después de traspasar el nivel visible y multicolor de las nubes de amoníaco, caería a través de una gruesa capa inferior de nubes cargadas de hielo y agua, donde podrían descargar sobre ella o incluso alcanzarla un rayo. Los astrólogos clásicos también habían clasificado a Júpiter como «húmedo», en un medieval sistema médico que afirmaba que las cualidades de calor, humedad, frío y sequedad de los diversos planetas influían en la salud humana al cambiar el equilibrio entre los cuatro humores corporales: sangre, flema, bilis negra y bilis amarilla. El húmedo Júpiter, prevaleciendo sobre la sangre, inspiró asimismo el temperamento «sanguíneo» que hace a las personas jupiterinas alegres o «joviales»,[2] en contraste con las mercuriales, marciales o saturninas.

En contra de todas las expectativas, la sonda *Galileo* había descubierto por casualidad una zona seca al entrar por un raro punto caliente: una de esas fisuras en las nubes por donde el calor de Júpiter escapa al espacio. En su momento, sin embargo, la *Galileo* orbital, la nave nodriza de la sonda, fotografió rayos titánicos, mil veces más brillantes que los de la Tierra, y confirmó la presencia de vapor de agua atmosférico. De hecho, aparte de los «desiertos» calientes que cambian constantemente de ubicación alrededor de Júpiter, muchas regiones de la atmósfera están saturadas de agua.

La parte orbital de la nave *Galileo* siguió explorando el sistema jupiterino durante siete años. A diferencia de la sonda, que solo realizó un rápido descenso con fines diagnósticos, la nave se convirtió en un acompañante artificial longevo de los satélites de Galileo.

La *Galileo* recibía órdenes de los controladores de la misión, con sede en el Jet Propulsion Laboratory, al sur de California, que cada cierto tiempo encendían el motor de cohete de la nave espacial para ajustar su órbita y que la aproximaron más a Júpiter para visitar Europa, ahora situada

2. Derivado del latín Jove o Júpiter. *(N. del T.)*

en una amplia curva que trazar por delante de la lejana Calisto. Mientras navegaba entre las lunas galileanas, la *Galileo* distinguió las características definitorias de cada una: la cercana Ío, el cuerpo celeste más rojo y más volcánico que se conoce; Europa, que contiene un océano de agua salada recubierto de hielo; Ganimedes, el satélite más grande del Sistema Solar; y Calisto, una de las más primitivas y aporreadas.[3]

Al igual que los alineamientos en un horóscopo describen las posibilidades de una vida, las posiciones relativas de estas lunas determinaron su destino. Ío, la más próxima, exhibe el trauma de un apego excesivo. La atracción gravitatoria de Júpiter ha sometido a Ío a una tensión de mareas que mantiene su interior fundido de un modo permanente, lo que ocasiona que fuentes ígneas de lava salgan a borbotones incesantes de unos ciento cincuenta volcanes activos.

Europa, la siguiente más cercana a Júpiter y el más pequeño de sus satélites, también ofrece indicios de calentamiento interno por tensión de mareas. Pero la materia que se ha fundido en Europa parece ser hielo, no roca. Gracias a la *Galileo*, muchos científicos creen hoy que un mar salado, más voluminoso que el Atlántico y el Pacífico juntos, se extiende encajonado entre la superficie congelada de Europa y sus profundidades rocosas, y además que sus aguas podrían sustentar alguna forma de vida extraterrestre.

Ganimedes, aunque más grande que el planeta Mercurio y más alejada de Júpiter que Ío o Europa, también sufre una tensión de mareas. El calor interno mantiene su nú-

3. Johannes Kleper (1571-1630), astrónomo de la corte y astrólogo de Praga, fue el primero que llamó, en 1610, «satélites de Galileo» a las «estrellas Médicis». Simon Marius, un contemporáneo de Galileo y Kepler, puso a las lunas su duradero nombre individual seleccionando a cuatro amantes predilectos del mitológico Zeus/Júpiter.

cleo de hierro parcialmente fundido, y este interior conductivo y conectivo sostiene su propio campo magnético, similar al de Júpiter, aunque mucho más pequeño y débil.

Solo Calisto, golpeada y marcada por grandes impactos antiguos, está exenta de los efectos que ejercen las mareas. Se encuentra tan lejos de Júpiter que necesita más de dos semanas para orbitarlo, mientras que Ío lo rodea en menos de dos días, Europa en tres y Ganimedes en siete. Entretanto, la descomunal burbuja invisible de la magnetosfera jupiterina, que se extiende millones de kilómetros en el espacio y envuelve a sus numerosas lunas, gira en sincronía con Júpiter cada diez horas.

Cuando la magnetosfera pasa velozmente por delante de las lunas, las bombardea con partículas cargadas y se aleja con partículas nuevas que absorbe de su superficie. Los volcanes de Ío arrojan a la magnetosfera una corriente continua de iones y electrones, lo que crea entre Ío y Júpiter turbulencias tremendas, de una intensidad de varios millones de amperios. De hecho, en la órbita de Ío bulle tanta actividad eléctrica y radiación letal que suponen una amenaza incluso para las naves espaciales no tripuladas. La *Galileo* tuvo que aguardar bastante tiempo en su estudio de los satélites de Júpiter antes de aventurar una aproximación a Ío. Y cada vez que pasaba cerca de ella, un instrumento u otro de la nave se apagaba o se encendía solo, o recibía el impacto de una partícula que como mínimo lo averiaba parcialmente. Al final, empero, la *Galileo* demostró tal resistencia que una vez *traspasó* el penacho de un volcán en erupción y sobrevivió para contarlo.

Esta intrépida nave, desde el principio acosada por numerosas dificultades que retrasaron su lanzamiento y amenazaron su funcionamiento, desarrolló una personalidad nítida que se granjeó el cariño de los ingenieros que la construyeron y los astrónomos que la utilizaron. En algún momento entre 1982 (la fecha prevista de lanzamiento) y 1989 (el año del lanzamiento), la *Galileo* sufrió daños que no se detectaron hasta que estuvo muy lejos en el trayecto hacia Júpiter. Primero su antena principal, en forma de paraguas, diseñada para transmitir a la Tierra cientos de miles de imágenes digitales y lecturas de instrumentos, se negó a abrirse a lo largo de todo el itinerario; después se atascó la grabadora de la nave, destinada a almacenar datos entre transmisiones. Los controladores de la misión, desesperados, trabajaron cuatro años para reparar y reprogramar desde la Tierra a la desventurada *Galileo* en el espacio, antes de que llegara a Júpiter en 1995. Sus esfuerzos no solo salvaron la aeronave, sino que también prolongaron su vida prevista en órbita, por lo que la misión se consideró un éxito, a pesar de que los contratiempos en las comunicaciones redujeron el flujo de información previsto a un simple goteo.

Algunos de los problemas de la misión *Galileo* quizás se hubieran previsto si la astronomía y la astrología no hubieran seguido caminos distintos desde hace tanto tiempo. Una carta astral de la *Galileo*, «nacida» en Cabo Cañaveral el día de su lanzamiento, el 18 de octubre de 1989, retrata a una nave espacial fuerte y hasta agresiva, con el Sol en Libra para ejercer equilibrio y Marte en conjunción con el Sol en el cielo medio, lo que le agrega ambición. Saturno, Urano y Neptuno se agrupan en el ascendente, lo que confiere un sentido de seriedad e importancia a la empresa. Sin embargo, Mercurio, el planeta de la comunicación, traza el peor ángulo posible —un cuadrado, o aspecto negativo— con la posición de Júpiter. Otro infortunado cuadrado de Mercurio se opone a la poderosa tríada de Saturno, Urano y Neptuno.

La carta muestra que Júpiter ocupa la séptima casa de la *Galileo*, la mansión del matrimonio y la asociación. Sin duda la nave se asoció con Júpiter durante su vida laboral, y también se unió con él en su destino último. Cuando la envejecida *Galileo* se quedó sin combustible de cohete para controlar la dirección, obedeció a una última orden que la dirigió hacia una vía de colisión contra el gigantesco planeta. Los operadores de la NASA temieron que, si abandonaban a la *Galileo* en su órbita, la nave, con su reserva de plutonio a bordo, podría algún día penetrar en Europa, contaminando sus mares impolutos o incluso aniquilando alguna forma de vida incipiente.

El 21 de septiembre de 2003, el día de su fallecimiento, la *Galileo* descendió hacia las nubes de Júpiter, se desintegró y esparció sus átomos a los vientos jupiterinos. «Se ha reunido con la sonda —dijeron algunos científicos del proyecto, como llorando a un amigo que descansa en paz—. Ahora los dos forman parte de Júpiter.»

En la hora postrera de su odisea, el horóscopo de la *Galileo* mostraba a Saturno, el planeta de los epílogos, muy adentrado en la casa octava, la mansión de los muertos.

9

Música de las esferas

Entre 1914 y 1916, el compositor inglés Gustav Holst creó el único ejemplo conocido de homenaje sinfónico al Sistema Solar, su Opus 32, *Los planetas, Suite para orquesta.* Ni «Mercurio» de Haydn (*Sinfonía n.º 43 en mi bemol mayor*) ni «Júpiter» de Mozart (*n.º 41 en do*; K. 551) fueron tan lejos. De hecho, el título «Júpiter» no se asoció con Mozart hasta décadas después de su muerte. De un modo similar, la sonata «Luz de luna» de Beethoven fue conocida durante treinta años como Opus 27, n.º 2, hasta que un poeta comparó su melodía con la luz de la luna rielando en un lago.

La suite *Los planetas* contiene siete movimientos, en vez de nueve. Plutón aún no había sido descubierto en la época en que Holst estaba componiendo, y él mismo excluyó la Tierra. No obstante, la pieza perdura como acompañamiento musical de la era espacial, en parte, porque a la gente le sigue gustando y, en parte, porque ninguna otra la ha suplantado. Para compensar sus carencias, algunos compositores contemporáneos la han ampliado con nuevos movimientos aislados, como «Plutón», «El Sol» y «Planeta X».

Holst se interesó por los planetas a través de la astrología. En 1913, tras una serie de lecturas sobre el tema, empezó a hacer horóscopos a sus amigos y a pensar en los planetas en función de su relevancia astrológica, como «Júpiter, el que da jovialidad», «Urano, el mago» y «Neptuno, el místico». Su hija y biógrafa, Imogen, compositora también, recordaba que la astrología, el «vicio favorito» de su padre, le había empujado a estudiar astronomía, «y la emoción le subía la temperatura cada vez que intentaba comprender demasiado a la vez. No cesaba de perseguir la idea del continuo espacio-tiempo».

Una afinidad natural entre música y astronomía ha persistido desde al menos el siglo VI a. C., cuando el matemático griego Pitágoras captó «geometría en el zumbido de las cuerdas» y «música en el espaciado de las esferas». Pitágoras creía que el orden cósmico obedecía a las mismas leyes y proporciones matemáticas que los tonos de una escala musical. Platón recogió la idea dos siglos después en *La república*, en la que empleó la memorable expresión «música de las esferas» para describir la melodiosa perfección de los cielos. Platón habló también de «armonía celestial» y «el coro más magnífico», términos que sugieren los cantos de los ángeles, aunque se referían específicamente a la polifonía desoída de los planetas en sus rotaciones.

Copérnico habló del «ballet de los planetas» cuando hizo la coreografía de su universo heliocéntrico, y Kepler consolidó la obra de Copérnico haciendo un repetido hincapié en las escalas mayor y menor. En 1599, Kepler obtuvo un acorde en do mayor al equiparar las velocidades relativas de los planetas con los intervalos que pueden tocarse con un instrumento de cuerda. Saturno, el planeta más lejano y más lento, emitió la nota más baja de las seis de este acorde, y Mercurio la más alta.

Al desarrollar sus tres leyes del movimiento planetario, Kepler amplió desde las notas únicas a las melodías cortas las voces de los planetas, cuyos tonos individuales representaban velocidades diferentes en puntos determinados de las diversas órbitas. «Con esta sinfonía de voces», dijo, «el hombre atraviesa la eternidad del tiempo en menos de una hora y saborea en pequeña medida el deleite del Supremo Artista al producir ese mismo placer dulce de la música a imitación de Dios.»

En su libro de 1619, *Harmonice Mundi (La armonía del mundo)*, Kepler dibujó el pentagrama de cinco líneas con alteraciones para las diversas partituras, y estableció el tema de cada planeta en la tablatura hueca y con forma de rombo de su época. El muy excéntrico, veloz y agudo estribillo de Mercurio estaba siete octavas por encima de la clave de fa de Saturno, que pasaba del sol bajo al si bajo, una y otra vez.

«Me transporta y habita un éxtasis inefable al contemplar el divino espectáculo de la armonía celestial —dijo Kepler—. Dale aire al cielo y real y verdaderamente habrá música.»[1]

Las dos naves *Voyager*, lanzadas en 1977 y que en la actualidad se dirigen a las fronteras exteriores del Sistema Solar, promueven este legado musical. En su calidad de mensajeros potenciales ante extraterrestres, las dos transportan un disco de oro especialmente construido (con su equipo completo de reproducción) que expresa la música de las esferas en forma de tonos que generados por ordenador designan la velocidad de los planetas del Sol. El Voyager Interstellar Record (Disco interestelar Voyager) también dice «hola» en cincuenta y cinco idiomas y repro-

1. La ópera de Paul Hindemith *Die Harmonie der Welt* (*La armonía del mundo*), de 1956-1957, dramatiza la obra de Kepler sobre el orden planetario.

duce música seleccionada de numerosas culturas y compositores, entre ellos Bach, Beethoven, Mozart, Stravinsky, Louis Armstrong y Chuck Berry.

Ya fuese intencionado o porque se lo dictó la inspiración, Gustav Holst desdeñó el orden de los planetas cuando inició su *suite* con «Marte, el que trae la guerra», en julio de 1914. La auténtica guerra, la que la generación de Holst llamó la Gran Guerra, estalló aquel otoño, pero el músico, que a la sazón tenía cuarenta años, excluido del servicio activo por neuritis y miopía, pasó directamente a «Venus, la portadora de la paz». Tanto interpretada como escrita, la *suite* entera empieza siempre con Marte, viaja hacia dentro hasta Venus y «Mercurio, el mensajero alado», vuelve a Júpiter y atraviesa derecho Saturno y Urano para llegar a Neptuno, donde las voces de un coro femenino, recluido en una sala entre bastidores, se van apagando en el final (sin sacrificar el tono), acalladas por el cierre lento y silencioso de una puerta.

El inmediato éxito popular de la *suite* asombró a Holst, que de ser un músico virtuoso refinado pasó a hacerse famoso. Obligado a comentar en público *Los planetas*, declaró que «Saturno, el que depara la vejez» —con sus nueve minutos y cuarenta segundos, es el más largo de los siete movimientos de la obra— era su predilecto. «Saturno no solo depara la decadencia física —dijo en defensa del planeta—, sino también una visión de cumplimiento.»

Visto por primera vez a través de un telescopio desde un patio trasero, el Saturno anillado, icono del trasmundo, es la imagen que tiene más posibilidades de convertir a un espectador inesperado en un astrónomo para toda la vida. Su espectacular sistema de anillos rodea un disco de 290.000 kilómetros de ancho de un extremo del anillo, o ansa, al otro. Su vasta anchura se aproxima a la distancia de la Tierra a la Luna, pero la profundidad media del anillo apenas supera la altura de un edificio de treinta pisos. En la época de Holst, los astrónomos que trataban de describir la delgadez incomparable de los anillos recurrían a metáforas como tortitas o discos de fonógrafo, antes de decidirse por una lámina de cartón del tamaño de un estadio de fútbol. (Mediciones más exactas han sustituido el cartón por papel de seda.)

Saturno aparece junto con Júpiter y Venus en un cuadro del cielo nocturno sobre el amado Cotswolds de Holst, que le regalaron en el festival de 1927, cuando dirigió *Los planetas* por última vez. El pintor Harold Cox dijo que había consultado al astrónomo real sobre la ubicación correcta de los planetas para aquel paisaje de una noche de mayo de 1919, el año en que el público escuchó por primera vez la obra en un concierto, y en que a Holst le nombraron profesor en el Royal College of Music. En el cuadro, Saturno parece un mero punto brillante, más mate que las luces de Júpiter o Venus, y figura sin anillos, por supuesto, ya que no se distinguen a simple vista. Esto no quiere decir que sean invisibles o estén ausentes en la pintura; por el contrario, centellean tanto, con su hielo y nieve reflectantes, que casi triplican el brillo de Saturno. Se cree que todos los componentes del anillo, cuyo tamaño oscila desde granos de polvo a rocas tan grandes como casas, están cuando menos envueltos en hielo, si no totalmente compuestos de agua congelada. El cuerpo de Saturno, en cambio, es un gigante gaseoso como Júpiter y consta de hidrógeno y helio, solo que es más pequeño y más pálido y se encuentra a doble distancia del Sol. Sin su círculo de cristales de hielo, de copos y bolas de nieve de todos los tamaños, Saturno apenas deslumbraría a los observadores situados a 1.600 millones de kilómetros.

En mayo de 1919, para realce estético de Saturno, los anillos se inclinaron hacia la Tierra. Aproximadamente una vez cada quince años, o dos durante la órbita de 29,5 años que Saturno traza alrededor del Sol, los anillos se ladean hacia los admiradores terrestres y retraen su luz halagadora. Incluso a través de un telescopio, lo único que se ve de los anillos en estas ocasiones es una fina sombra de un lado al otro del orbe amarillento del planeta. Estas desapariciones periódicas confundieron a los primeros observadores de los anillos.

Galileo, el primero que en julio de 1610 vislumbró bultos a lo largo de Saturno, los tomó por una pareja de «acompañantes» cercanos, que no se movían como los satélites de Júpiter, sino que abrazaban los flancos de Saturno de tal manera que parecía poseer tres cuerpos. Galileo, que estudió el planeta los dos años siguientes, a finales del otoño de 1612 confesó el asombro que le produjo descubrirlo de repente solitario y redondo, abandonado por sus antiguos seguidores. «¿Qué podemos decir de tan extraña metamorfosis?», escribió a un colega filósofo. ¿Quizás el planeta Saturno, al igual que su homólogo mitológico, había «devorado a sus hijos»?

Galileo vaticinó que los acompañantes volverían, y cuando lo hicieron habían cambiado mucho. En 1616 dijo que se parecían a un par de mangos sobre Saturno y más tarde los comparó con orejas, aunque nunca captó el carácter fantástico de su auténtica identidad. No fue hasta 1656 cuando el astrónomo holandés Christiaan Huygens atribuyó la forma cambiante de Saturno a la existencia de «un anillo delgado y achatado, que no toca al planeta en ningún punto y está inclinado hacia la eclíptica». Huygens publicó una explicación completa en su libro *Systema Saturnium*, en 1659.[2]

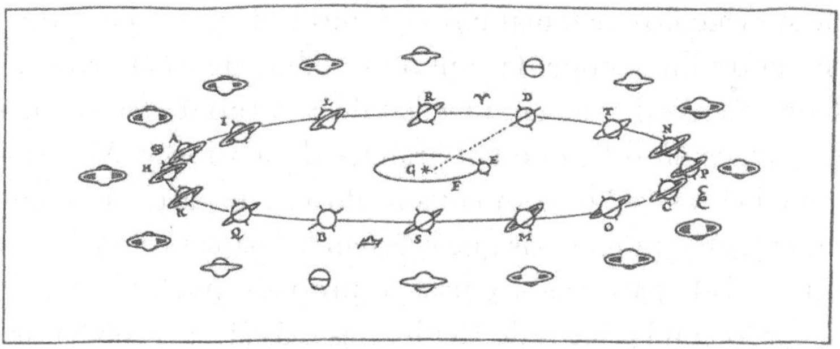

Christiaan Huygens preparó este diagrama para la publicación en 1659 de *Systema Saturnium*, con el fin de mostrar cómo cambia la apariencia de Saturno, en el curso de su órbita de 29,5 años, para la visión de sus admiradores terrestres.

Huygens siempre hablaba del «anillo de Saturno» como si fuese un único cuerpo sólido, y así se lo consideró hasta 1675, cuando Jean-Dominique Cassini, director del Observatorio de París, detectó una línea oscura divisoria que partía el anillo en dos bandas concéntricas, denominadas «A» (la exterior) y «B» (la interior y más brillante). El transcurso de dos siglos más deparó un tercer segmento —el débil anillo interior «C», descubierto en 1850—, aunque nadie podía asegurar aún cómo se habían formado los anillos. Una intensa polémica sobre su estructura los consideró desde láminas sólidas a enjambres de pequeños saté-

2. Tanto Galileo como Huygens tocaban el laúd con destreza y eran amigos de muchos compositores. Huygens también experimentó con una escala de 31 tonos que influyó en la música de Holanda hasta el siglo xx.

lites, y desde ríos de líquido en órbita a exhalaciones de vapores planetarios.

«He abierto varias brechas en el anillo sólido —se jactó en 1857 el joven escocés James Clerk Maxwell, en medio de sus cálculos matemáticos—, y ahora chapoteo en el fluido, entre un choque de símbolos realmente asombrosos.» Convencido de que la gravedad de Saturno destruiría una construcción sólida de tan grandes dimensiones, Maxwell concibió los anillos como una profusión de partículas individuales tan numerosas que creaban la lejana ilusión de solidez. Cada partícula seguiría su propia órbita forzosa, de acuerdo con las leyes de Kepler, las más alejadas de Saturno viajando a las velocidades más lentas, y las más cercanas, más rápidamente, del mismo modo que el propio planeta realizaba alrededor del Sol su giro lento y pesado en comparación con el ritmo veloz de Mercurio. (¡Qué coros podría haber compuesto Kepler para estas multitudes!)

Dentro de los anillos atestados, las partículas empujan continuamente a sus vecinas, y el intercambio de energía e ímpetu les impone órbitas más amplias o más estrechas. Las colisiones también despiden partículas hacia encima o debajo del plano liso de los anillos, pero estos extravíos enseguida se corrigen.

Desde 1966, otros cuatro anillos, denominados D, E, F y G, se añadieron a los tres clásicos. Como grupo, desobedecen el orden alfabético de su descubrimiento en su progresión hacia fuera de Saturno —D, C, B, A, F, G, E—, igual que notas en una escala de ensayo. Cada región señalada por su letra se distingue de las demás por leves variaciones de color o brillo, por la densidad de sus partículas o por su forma infrecuente. Vistos desde la privilegiada perspectiva de una nave espacial visitante, estos segmentos se subdividen en infinidad de rizos delgados, separados por otras tantas fisuras diminutas y patrullados por pequeños satélites insertos.

Es probable que el sistema de anillos lo creara la desintegración de una luna helada, o quizás de un asteroide capturado, de unos cien kilómetros de diámetro. Este cuerpo desdichado, destruido hace unos cientos de millones de años, quizás se esfuerce todavía en reconstruirse en la órbita de Saturno. A medida que la gravitación atrae y une a sus partículas, forma conjuntos más grandes que captan más partículas para seguir creciendo, pero solo hasta cierto punto. Las fuerzas de las mareas saturninas destrozan cualquier anillo acumulado que supere determinados límites de tamaño, y por eso los pedazos dispersos parecen condenados a no juntarse nunca en un solo satélite.

La Luna de la Tierra, que pasó por una etapa similar, como anillo formado por los escombros de una colisión, se ensambló, sin embargo, porque sus fragmentos orbitaban lo bastante lejos de nuestro planeta para escapar a los efectos destructivos de las mareas. En Saturno, los anillos se agolpan. Ocupan una región próxima de fragmentación perpetua, conocida como Zona Roche, llamada así por el astrónomo francés del siglo XIX Édouard Roche, que formuló las distancias seguras para los satélites planetarios. Las lunas más grandes de Saturno se encuentran mucho más allá del límite Roche, fuera del perímetro de los anillos. Sin embargo, en el clan familiar de Saturno (no menos de treinta y cuatro lunas en el último recuento) figuran muchos miembros pequeños dentro y entre los anillos que ayudan a esculpir sus complejidades. El anillo F, por ejemplo, debe sus contornos singularmente torcidos y estrechos a la acción de dos lunas pequeñas, una de las cuales discurre rápidamente por el interior del anillo, mientras que la otra rodea el exterior. Las dos actúan como satélites «pastores», que conducen los rebaños de partículas en forma de terrones, nudos, trenzas y ondas.

Cuando la nave espacial *Cassini* llegó a Saturno, en el verano de 2004, anunció su llegada a bombo y platillo, colándose como una centella por la brecha entre los anillos F y G para después rozar la amplia extensión del plano del anillo y caer por el extremo lejano del mismo boquete, del que emergió indemne. El relativo vacío de tales espacios es fruto de la interacción de los satélites saturnales con partículas de los anillos, de acuerdo con las mismas reglas que las definidas por Pitágoras en sus experimentos con cuerdas.

Pitágoras había mostrado que el tono de una cuerda subía una octava cuando acortaba su longitud a la mitad. Dijo que tocar juntas unas cuerdas de estas dos longitudes agradaba al oído porque sus vibraciones resonaban en la relación con números enteros de 2:1. Otras relaciones de números enteros, o resonancias, producían otros agradables intervalos musicales, como terceras, cuartas y quintas. Galileo, al comentar los efectos de las vibraciones simpáticas en su libro *Dos ciencias nuevas*, juzgó que la octava era «un poco demasiado insulsa y carece de fuego», mientras que el sonido de una resonancia 3:2 (el intervalo musical de la quinta) causaba «un cosquilleo en el tímpano, de tal modo que la vivacidad modifica la delicadeza y da la impresión simultánea de un mordisco y un beso».

La resonancia más notable que se produce en los anillos de Saturno es la División de Cassini: la separación de 4.800 kilómetros entre los anillos A y B. La División procede de su resonancia de 2:1 con la luna Mimas, que orbita a más de 64.000 kilómetros de distancia. Las partículas anulares en el interior de la División de Cassini dan dos vueltas a Saturno por cada una de Mimas, con lo que sobrepasan repetidamente a la luna, de un ritmo más lento, en los dos mismos puntos concretos de su órbita. Allí gravitan hacia ella. Al final la atracción de la luna, acrecentada por la repetición rítmica, expulsa a las partículas de la órbita resonante y despeja la grieta. Otra similar, pero más angosta, cerca del margen exterior del anillo A, llamada División de Encke (en honor de Johann Encke, antiguo director del Observatorio de Berlín), comparte una resonancia de 5:3 con Mimas y una de 6:5 con otra luna. También la decorativa cenefa festoneada en el exterior del anillo A debe sus seis lóbulos como pétalos a una resonancia de 7:6 con dos satélites pequeños que ocupan una sola órbita y que quizás antaño fueran un solo objeto.

Los anillos resuenan asimismo al compás del campo magnético de Saturno, que rota rápidamente. Generado en el interior del hidrógeno líquido metálico del planeta, el campo gira en sincronía con la rotación de Saturno cada 10,2 horas, en consecuencia, partículas del anillo B que viajan a igual velocidad —o a la mitad, o al doble— son desviadas de sus órbitas.

Saturno reinó como el único mundo con anillo durante trescientos años, hasta que los descubrimientos de las décadas de 1970 y 1980 demostraron que todos los planetas gigantes poseen el mismo tipo de anillos. Los de Júpiter son tenues, transparentes y «vaporosos», formados por restos desmenuzados sobre la superficie de varias lunas pequeñas. Urano posee nueve anillos oscuros y estrechos, con bordes muy acusados y presionados por satélites «pastores». Y los cinco débiles y polvorientos que posee Neptuno son de un grosor tan irregular que algunas secciones menguan casi hasta desaparecer, dejando una impresión de arcos de anillos parciales. Ninguno de estos sistemas recientemente reconocidos puede competir con los anillos barrocos, hasta rococós, de Saturno. Todos los demás más bien representan un solo matiz de la dinámica anillar, fenómeno que también existe en Saturno, pero sofocado por la cantidad de variaciones y aderezos.

Todos los anillos sufren cambios continuos en las etapas repetitivas de acumulación y desmembramiento. De un año a otro, son los mismos pero diferentes. A medida que la fricción de las colisiones internas los deshilacha y desgasta, nuevas inyecciones de polvo lunar y meteoritos reponen las existencias de partículas.

Cada sistema de anillos, producto de la gravedad y la armonía, sugiere una plantilla para el diseño cósmico. Los anillos recuerdan el nacimiento de toda nuestra familia de planetas, que surgieron del disco plano y giratorio que circundó al Sol recién nacido hace 5.000 millones de años. Hoy también hallan un eco frecuente en los llamados discos protoplanetarios, avistados alrededor de estrellas jóvenes, donde las materias primas de gas y polvo se están uniendo en una síntesis de un nuevo mundo. Así pues, los anillos de Saturno vinculan nuestro Sistema Solar con otros sistemas extrasolares en formación, y el Sistema Solar actual con su propio pasado.

«Puesto que la música es idéntica al cielo —señalaba Holst en una carta a un amigo—, no es algo que emociona por momentos, ni tampoco por horas. Es un estado de eternidad.»

10

Aire nocturno

Los Herschel trabajaron muchísimos años. Los artículos de sir William Herschel, publicados en diversas revistas científicas, abarcan un período de cuarenta años. Los de sir John Herschel cubren uno de cincuenta y siete: casi doblan la duración media de la vida. Sir William Herschel murió a los ochenta y tres años, sir John, a los setenta y ocho; y, como para demostrar que una mujer puede vivir y trabajar más tiempo incluso que un hombre, Caroline, la hermana de sir William, murió a los noventa y ocho.

¿Merece la pena hablar de la insalubridad del «aire nocturno» cuando estas personas, las que más expuestas están a su influencia, cuyo oficio las obliga a respirarlo, son tan longevas? En efecto, el astrónomo experimental trabaja sobre todo al aire libre y rodeado del buen aire de la noche, en vez de bajo techo y con aire enrarecido. (Creo que es Florence Nightingale la que pregunta: ¿qué otro aire aparte del nocturno podemos respirar de noche?)

MARIA MITCHELL,
astrónoma norteamericana (1818-1889)

Hanover, Alemania, ... de noviembre de 1847

Mi querida señorita Mitchell:

Acepte, por favor, mi enhorabuena más emocionada por su reciente descubrimiento. La noticia del «cometa Mitchell» la había recibido ya de varias fuentes aquí en el continente, antes de que llegara su carta, así como de mi sobrino[1] en Londres, pero qué placer me produce saber que pensó en mí en su hora de gloria, y que se tomó el tiempo de compartir su triunfo con una anciana. En efecto, como usted dice, nos une un lazo especial. Aunque mi telescopio es ahora el adorno principal de mi cuarto de estar, me permitió observar muchos cometas saliendo de la oscuridad, al principio sin brillo y con un atavío sencillo, pero creciendo conforme se acercaban hasta que, al aproximarse al Sol, soltaban la maraña de sus grandes cofias y desplegaban las colas que constituyen los pavos reales del cosmos.

Me complace especialmente saber que el nuevo cometa llevará su nombre, señorita Mitchell, porque esa fama le asegurará el futuro más que cualquier otra cosa. Uno de mis cometas adoptó el nombre del profesor Encke, después de que él calculara su órbita y predijese su regreso.[2] Aún me quedaron otros siete «cometas femeninos», aunque yo no necesitaba ninguno, rodeada como estoy por la aureola del nombre de mi hermano, y con una pensión real por haber sido su ayudante. Usted, sin embargo, es una muchacha sola

1. El sobrino de Caroline Herschel, sir John Herschel (1792-1871), era presidente de la Royal Astronomical Society e hijo del renombrado astrónomo sir William Herschel (1738-1822), que descubrió el planeta Urano en 1781.

2. El cometa llamado Johann Franz Encke (1791-1865), quien fue nombrado director del Observatorio de Berlín en 1825, vuelve cada 3,3 años.

en un país joven y el descubrimiento de su cometa sin duda sobrepasa su empleo en la biblioteca de Nantucket, tanto en términos de calmar las preocupaciones de su familia por su bienestar como de despertar el reconocimiento del mundo hacia sus habilidades.

Al igual que su padre, al que Dios bendiga, alentó sus esfuerzos, así también mi hermano respaldó los míos, aunque supongo que la valoración correcta es que me adiestró porque necesitaba un ayudante experto y dispuesto a pasar largas horas a su lado, cosa que no haría una persona contratada, un aprendiz o un asistente esclavizado. La ironía reside en que siendo yo el brazo derecho de William en sus investigaciones astronómicas y la persona que guardaba todos los registros oficiales nocturnos, estuviese ausente aquella noche concreta de la semana de mi cumpleaños en que él descubrió el «cometa» que ahora nos complace llamar el planeta Urano.[3]

William, por supuesto, no buscaba un planeta, porque creíamos, casi como si fuera un artículo de fe, que solo seis orbitaban alrededor del Sol. Cuando rastreaba los cielos y aparecía algo borroso o indistinto, algo que quedaba fuera de los puntos de luz de las estrellas, se preguntaba, naturalmente, si había encontrado un cometa nuevo que pudiese reclamar como suyo, o si era el de algún otro en su viaje de regreso, o bien uno de los más misteriosos objetos nebulosos que tanto cautivaban su atención.

Usted, señorita Mitchell, ha saboreado la promesa de avistar una posibilidad semejante y ha pasado horas inquietas hasta la siguiente noche sin nubes para enfocar la mira-

3. Sir William hizo las primeras anotaciones sobre lo que resultó ser Urano el 13 de marzo de 1781, tres noches antes de que su hermana cumpliera treinta y un años. El día 17, sir William confirmó el movimiento del objeto.

da en el mismo punto del cielo, con el corazón henchido de esperanza de que aquel borrón no se hubiera quedado donde usted lo dejó, sino que hubiese recorrido un camino entre las estrellas para atestiguar con sus movimientos que «Sí, soy un cometa, y como me has atrapado, ¡quizás seré tuyo!».

El doctor Maskelyne fue el primero en confirmar el hallazgo de William, aunque declaró que era el cometa más extraño que había visto nunca, sin cola, sin coma ni cabellera y provisto de un disco tan nítido que resultaba inquietante. Creo que sospechó incluso que William había descubierto un planeta y no un cometa, lo cual es algo realmente notable para un astrónomo real, y el bueno de Maskelyne no era muy propenso a arranques creativos.[4] Desde luego, el trabajo del astrónomo real no exige imaginación; requiere exactitud en la cartografía de los cielos, en lo cual descollaba el doctor Maskelyne, y, sin embargo, pareció bien dispuesto a reconocer un nuevo planeta. ¿Quién lo habría esperado de él?

Fue Maskelyne quien instó a William a escribir un artículo para la Royal Society que tituló simplemente «Informe de un cometa». Uno de los miembros de la Society lo leyó en voz alta en la reunión de abril en Londres, mientras William se quedaba en Bath porque seguía ejerciendo a tiempo completo de organista en la Octagon Chapel, y además el descubrimiento fortuito del «cometa» había interrumpido un intenso programa de observación estelar y de medición de las separaciones entre estrellas dobles. A pesar de que nos negamos a ir a Londres, pronto casi todo Londres vino a

4. El reverendo doctor Neville Maskelyne (1732-1811) fue el quinto astrónomo real de Inglaterra, desde 1765 hasta su muerte. En reconocimiento a uno de los diversos descubrimientos de cometas de la señorita Herschel, la llamó «Mi respetable hermana en astronomía».

visitarnos para ver nuestra casita, con el taller en el sótano y el telescopio de 2,10 metros en el jardín.[5]

Poco después de que despertase nuestro interés, el cometa de William se tomó unas vacaciones de verano y pasó varios meses fuera de la vista en el cielo diurno, de tal forma que nadie pudo acumular las observaciones necesarias para establecer su órbita. Cuando volvió, a finales de agosto, todos fijamos nuestra atención en él, lo mismo que hicieron la mitad, creo yo, de los astrónomos europeos, y no digamos rusos. Noche tras noche procuramos encajar nuestras observaciones en la vía parabólica típica de un cometa, pero el objeto se negaba a obedecer nuestras normas y se empecinaba en moverse describiendo un arco circular. Durante todo el otoño no lo vimos brillar; nos denegó el placer de ver el centelleo de su cola. En noviembre, por fin, surgió la verdad; ¡el cometa era un planeta dos veces más lejano que Saturno!

Como he intentado explicarle, señorita Mitchell, nuestro «¡Eureka!» siguió a la detección del cuerpo durante más de medio año. William había descubierto una cosa que resultó ser otra distinta. Cuando se hizo patente la magnitud de su hazaña y circuló la noticia de que con aquel planeta lejano había duplicado sin ayuda de nadie la amplitud del Sistema Solar, el rey Jorge le ofreció su protección oficial y le asignó un sustancioso estipendio de alrededor de dos tercios del sueldo del doctor Maskelyne. El planeta no podría haber llegado en un momento más oportuno, debido a la pérdida reciente que la Corona había sufrido de las colonias americanas.

5. La pequeña casa georgiana de los Herschel, en el 19 de New King Street de Bath, Inglaterra, actualmente está abierta al público como el Museo William Herschel. El «telescopio de Urano», de dos metros, con su espejo de poco más de quince centímetros, se encuentra en el Museo de la Ciencia de Londres.

William, universalmente aclamado como el primer hombre en la historia que descubría un planeta, dejó de dar clases de música y de tocar en conciertos para dedicarse en cuerpo y alma a la astronomía. Hubo gente en Francia que hizo campaña para que su descubrimiento se llamara «planeta Herschel», así como el de usted se llama «cometa Mitchell». Hombres que nunca habían oído hablar de William reconocían que sus telescopios caseros habían puesto en ridículo a los instrumentos de los grandes observatorios. Todos los visitantes abandonaban nuestra casa impresionados por lo que William había fabricado con sus propias manos y sufragado de su propio bolsillo. Apenas llegaban cartas de felicitación que no contuviesen una petición de que William vendiese al remitente un instrumento.

Pero todas estas lisonjas no se le subieron a la cabeza y no quiso saber nada del «planeta Herschel». Los dos pensábamos que estaba muy bien que los cometas llevasen el nombre de sus descubridores —puesto que esta costumbre tenía precedentes en nuestro campo, y el número de cometas podía ser legión—, pero ponerle nombre a un planeta, un acontecimiento mucho más insólito, exigía criterios distintos.

William propuso «Georgium Sidus»,[6] para reconocer la bondad del rey, aunque enseguida se puntualizó que toda referencia a la lealtad nacional podría ser intempestiva en un cuerpo celeste. Muchos otros nombres se descartaron hasta que Herr Bode, de Berlín, buscó la seguridad en la mitología y sugirió la idea de «Urano».[7] Bode publicaba una efeméride anual que le dio una voz influyente en decisiones de este

6. *Sidus*: en latín, 'estrella' o 'astro'. *(N. del T.)*

7. Johann Elert Bode (1747-1826), redactor jefe del *Berliner Astronomisches Jahrbuch*, fue nombrado director del Observatorio de Berlín en 1786.

tipo, pero, aun así, el planeta se conoció con tres nombres —«Urano» en la mayor parte de Europa, «Herschel» en Francia y «Georgiano» en Inglaterra— durante sesenta años hasta que terminó imponiéndose «Urano». En este intervalo, un químico prodigioso —otro alemán, llamado Klaproth— extrajo un metal de la pechblenda y lo denominó «uranio». Nos dijo que los antiguos alquimistas siempre ponían nombres de planetas a sus metales, y que a su entender el nuevo merecía que lo llamasen en su honor.[8]

El interés astronómico se centraba en establecer la órbita del planeta, con independencia de cómo se llamara. También nos preguntábamos cómo Urano había eludido su detección, pues, aunque William lo había avistado a través de un telescopio magnífico, otros astrónomos lo localizaban fácilmente en cuanto les decían dónde debían mirar. Esto sugirió la idea de que antiguos registros quizás brindasen anotaciones útiles sobre las posiciones del planeta en el pasado, escritas ingenuamente por observadores que lo habían confundido con una estrella. Herr Bode, quizás gracias a la dedicación a sus anuarios llenos de tablas, emprendió esta tarea y pronto su esfuerzo obtuvo recompensa. Encontró un gráfico del cielo que databa de 1756 e incluía una estrella que no había vuelto a verse en las coordenadas previstas. El lugar ahora aparecía vacío, y la cola del planeta Urano, en la medida en que alguien había conseguido describirlo, habría tocado el punto exacto aquel mismo año. El hecho representaba una confirmación muy promisoria e indujo a Bode a seguir buscando menciones antiguas del nuevo planeta. ¡En realidad, William no había sido el primero en ver Urano como lo que no era! El venerable Flamsteed lo había enumerado en

8. El químico analítico Martin Heinrich Klaproth (1743-1817) aisló y bautizó el uranio en 1789.

su catálogo de estrellas de 1690, en la constelación de Tauro.[9] No fue un enlace feliz, sin embargo, puesto que nadie pudo hacer que la estrella de Flamsteed —hoy perdida— concordase exactamente con el trayecto de Urano tal como lo conocemos. Algunos se vieron tentados de desdeñar la información de Greenwich, culpando de la discrepancia a la desidia o a un telescopio anticuado. Pero yo estaba íntimamente familiarizada con el catálogo estelar de Flamsteed, un reputado observador en su época y la quintaesencia del astrónomo real (quizás incluso de un carácter más perfeccionista que sus sucesores), y parecía improbable que se hubiese equivocado en sus anotaciones. Podemos imaginar su dilema astronómico: por un lado, necesitábamos desesperadamente los datos antiguos para nuestros cálculos, ya que el lejano Urano se movía con una lentitud tan penosa, ¡y a nadie le agradaba la idea de pasar setenta u ochenta años para seguir una vez su movimiento alrededor del Sol! Por otro lado, si las antiguas observaciones confundían el mejor sentido actual de la forma de la órbita, ¿qué ayuda proporcionaban?

Mientras el nuevo planeta proseguía sus extrañas peregrinaciones, William construía telescopios cada vez más grandes. Con uno de ellos, una noche de enero de 1787 en que nuestro termómetro marcaba –10 °C, William descubrió las dos lunas de Urano. Nunca propuso nombres adecuados para ellas ni para los dos satélites que descubrió dos años después en Saturno, pero mi sobrino, que era un auténtico erudito literario antes de seguir los pasos de su padre en la astronomía (¿conoce quizás la traducción que hizo John de la *Ilíada*?), los bautizó a todos. La nomenclatura del siste-

9. John Flamsteed (1646-1719) fue el primer astrónomo real de Inglaterra en 1675, el año en que se abrió el Royal Observatory en Greenwich Park.

ma de Saturno proviene directamente de los mitos grecorromanos, ¡pero John sacó de Shakespeare los nombres de las lunas de Urano! Como bibliotecaria muy ilustrada, señorita Mitchell, no ignora, por supuesto, que Oberón y Titania son el rey y la reina de las hadas de *Sueño de una noche de verano*, aunque creo que a muchos otros astrónomos se les ha escapado la referencia.

A medida que transcurrían los años observando el paso lento del planeta de William por el cielo, se agravaron las deplorables dificultades con su órbita. Cuantas más observaciones acumulábamos y cuantos más datos antiguos extraíamos de archivos del observatorio, menos conciliables eran. Resultaba imposible predecir dónde estaría Urano incluso un año o dos después, aunque muchos astrónomos podían calcular el paradero futuro de Júpiter y Saturno con un margen de error nimio hasta el fin de los tiempos. Así pues, la recalcitrante conducta de Urano parecía deslustrar la gran belleza de la aportación de Newton.

El problema no estaba resuelto, triste es decirlo, cuando William falleció, cuarenta años después de descubrir su planeta. Entonces abandoné Inglaterra y regresé a Hanover para vivir con mi hermano Dietrich. Ninguno de los dos se había percatado aún de que el tiempo de vida de William igualaba el período orbital de 83,7 años de Urano. (¿No le parece una curiosa coincidencia, señorita Mitchell?) Solo sabíamos que los errores al insertar vaticinios en observaciones se volvían cada vez más crasos. La última explicación que le llegó a William antes de morir sugería que un cometa grande había chocado contra Urano justo antes de su descubrimiento, y que el impacto había alterado su trayectoria. Esta supuesta colisión fue la causa probable de la escisión entre los datos viejos y los nuevos, aun cuando la solución parecía demasiado imaginativa para ser verosímil: un artificio del teatro de Shakespeare o de la tragedia griega, donde los dioses descendían en artefactos para atar los cabos sueltos de un drama.

Sin duda, los astrónomos acogieron bien la impactante idea, pero poco después de la muerte de William las predicciones orbitales basadas en la colisión de un cometa tampoco sirvieron para rastrear la trayectoria de nuestro planeta. Supongo que a los matemáticos no les quedó más remedio que insistir en que otro planeta grande, que acechaba inadvertido en el abismo, allende Urano, lo había desviado. ¡Cómo habría aplaudido William la diligencia que distinguía a un mundo así mentalmente, antes de que se viera en el cielo, por el simple método de aplicar el intelecto a un papel y lápiz! ¿Qué diría de la noticia de que los dos jóvenes caballeros ya famosos habían descubierto, cada uno por su cuenta, el mismo planeta nuevo sin que ninguno de los dos llegara a aplicar siquiera el ojo en un telescopio o supiese por qué extremo había que mirar?[10]

Simplemente piense, señorita Mitchell, en la proeza de cómputo que supone construir una órbita en el aire para un cuerpo del que aún no se sabe que existe. Piense en el desconcertante abanico de posibilidades que primero hay que plantear y después poner a prueba una por una para inducir a ese cuerpo hipotético, en sus viajes hipotéticos, a que asuma la responsabilidad de todos los descarríos de Urano. He oído decir que Leverrier llenó diez mil hojas de papel con sus cálculos, y ni por un momento dudo de esta cifra. Adams no pudo llenar menos. Y, sin embargo, después de una tarea tan inmensa, en la que los dos perseveraron sin conocer la labor

10. En 1845, los teóricos Urbain Jean-Joseph Leverrier (1811-1877) y John Couch Adams (1819-1892) completaron con éxito sus cálculos demostrativos de que un planeta grande y exterior podría explicar las irregularidades del movimiento de Urano.

del otro, tuvieron que suplicar a los astrónomos jefes de sus países respectivos que apuntaran los telescopios hacia las regiones celestes donde podría hallarse el planeta buscado.

Que el astrónomo real de la época casi hiciera caso omiso de Adams, inexperto e inédito, es triste, pero fácil de entender.[11] Leverrier, por otra parte, ya había sido celebrado a bombo y platillo en asociaciones científicas parisinas, y había publicado la posición que predecía del planeta, pero tampoco logró la cooperación de su observatorio nacional. (¿Formó usted parte, por casualidad, señorita Mitchell, del reducido grupo de astrónomos independientes que atendieron el llamamiento a la acción de Leverrier? Tengo entendido que varios norteamericanos intentaron localizar el planeta siguiendo las instrucciones del científico francés.)

El tenaz Leverrier consiguió a la postre sortear los cauces oficiales por medio de su petición escrita al joven doctor Galle, subalterno en el Observatorio de Berlín. Galle, recién licenciado, había tenido la buena suerte de observar el cometa Halley en 1835, y el buen juicio de enviar su tesis a Leverrier, con lo que una afinidad se había desarrollado entre ellos.[12] (Menciono estos detalles para exhortarle, señorita Mitchell, a que siempre anuncie sus hallazgos lo antes posible, no solo para que se le reconozca el mérito cuando se le debe, sino porque nuestra ciencia progresa gracias a la información compartida.) Galle sin duda sabía que podía perder su puesto al girar el telescopio sin permiso hacia la corazonada de Le-

11. Al séptimo astrónomo real, sir George Biddell Airy (1801-1892), se le recuerda por la forma autocrática en que dirigió el Royal Observatory de Greenwich, y por haber privado supuestamente a Inglaterra de la primacía en el descubrimiento de Neptuno.

12. Johann Gottfried Galle (1812-1910) sucedió más tarde a Encke como director del observatorio, y vivió lo bastante para ver el cometa Halley por segunda vez, en 1910.

verrier, y debió de haber apelado al profesor Encke con el grado justo de seriedad y solicitud. Por suerte para todos ellos, Encke corría aquella noche hacia su casa para celebrar su cumpleaños. De no haber sido por esta prisa a causa de los preparativos de la fiesta, podría haber denegado su autorización.

¡Y ahora imagínese la escena de la misma noche, cuando más tarde Galle y su ayudante llegan sin resuello y sin anunciarse a la casa de Encke para comunicarle que habían encontrado el planeta de Leverrier! Entretanto, en Inglaterra, sin que nadie lo sepa, otros dos astrónomos buscan el supuesto planeta nuevo en una caza secreta que al final ha sido autorizada por el astrónomo real. ¿Y dónde está el gran personaje del astrónomo real la noche en que el nuevo planeta hace su entrada en el escenario del mundo? ¡Airy está aquí, en Alemania (!), quizás solo a unos pocos kilómetros de la calle por la que Galle corre a oscuras con su extraordinaria noticia! Caramba, la situación tiene todos los elementos de una farsa, exceptuando que personifica el más hermoso testimonio imaginable de la validez de las leyes de Newton.

Después de los heroicos cálculos matemáticos de Adams y Leverrier y su asombrosa sincronización, casi cabría considerar decepcionantes los atisbos que Galle tuvo del nuevo planeta a través del telescopio. Sin embargo, estoy segura de que hará carrera con ello y de que, haga lo haga en la vida, Galle será conocido para siempre como el primer hombre que vio Neptuno, u «Océano» o «Leverrier», comoquiera que se llame, aunque aquí nos satisface el nombre «Neptuno».

Mi sobrino bien podría haberse adelantado a Galle y hacer que Urano y Neptuno fuesen descubrimientos de un padre y su hijo (!), pues en julio de 1830 las exploraciones de John le habían llevado al mismo barrio del cielo —casi a la calle y al número, si se quiere— donde Neptuno tenía entonces su domicilio, aun cuando no llamó a la puerta. No obstante, el buen carácter de John le impidió expresar cualquier remordimiento por su descuido, y también le ayudó a aplacar la horrible escaramuza del año pasado entre Francia e Inglaterra sobre la reclamación del territorio de Neptuno. Mi sobrino me informa de que Adams había ubicado con exactitud el planeta como mínimo diez meses antes que Leverrier, pero no se lo dijo a nadie más que a su superior en Cambridge y al astrónomo real de Greenwich. De resultas de su cauto silencio, Adams se ha visto privado de laureles, y aunque tiene la elegancia de aceptar un segundo puesto, sus compatriotas prefieren verle condecorado como un héroe. (¡Y no pocos de ellos mandarían al patíbulo a Airy!)

Pero me dicen que no hay rencor entre los dos protagonistas, pues Adams y Leverrier establecieron una relación inmediata cuando se conocieron el pasado junio en Oxford, y se hicieron más amigos durante una estancia en la casa de mi sobrino, en julio. Supongo que les une la fuerza de su obsesión común. Se atraen mutuamente como las leyes de la mecánica celeste atraen a sus planetas y al de mi hermano. Durante largo tiempo, estos dos hombres no sabían nada el uno del otro y actuaban por su cuenta, del mismo modo que Urano y Neptuno no parecían afectarse cuando los separaban las vastas distancias que permiten sus órbitas. Pero poco después de que mi hermano descubriera Urano, este planeta se aproximó a las inmediaciones de Neptuno y los dos cuerpos juntos —uno en candilejas, el otro entre bastidores— revelaron la fuerza plena de su atracción mutua.

En retrospectiva, es fácil comprender por qué Urano empezó a acelerar a una velocidad cada vez mayor desde alrededor de la época de su descubrimiento, en 1781, hasta que llegó a conjuntarse en 1822 con el invisible y mucho más lento Neptuno. Después de que Urano alcanzase a Neptuno aquel año (el mismo en que la muerte dio alcance a mi William), comenzó la desaceleración gradual y precipitó la crisis de predicción que empujó a Adams y a Leverrier, cada cual, por sus propios motivos, a considerar el problema con Urano, que demostraron que era la existencia de Neptuno.

Antes he señalado que el número de años de William igualaba el período de su planeta; es indudable que el lento recorrido de Neptuno superará el tiempo de vida de Adams y Leverrier juntos, y quizás también el de Galle.[13]

Y ahora la luna recién descubierta de Neptuno ayuda a nuestros dos calculadores campeones en sus reflexiones continuas. Qué rápido se ha ofrecido este cuerpo celeste, como si se prestara a ser el vehículo perfecto para redefinir sus estimaciones forzosamente toscas de la masa de Neptuno.[14] Ni Adams ni Leverrier pudieron evitar sobreestimar la masa del hipotético Neptuno, ya que ambos exageraron su distancia al Sol, pero, habida cuenta de que los cuerpos compensan la masa con la distancia, en virtud de la ley de la gravedad, está bien todo lo que acaba bien, y el más pequeño y más cercano Neptuno ejerce, en realidad, tanto poder como el más grande y lejano hizo sobre el papel. La nueva comprensión revela que Neptuno es el hermano gemelo de Urano, al menos en lo que respecta a la masa.

¿Cuánto tiempo cree que tardarán en descubrirse más hechos de sus respectivas vidas planetarias, señorita Mitchell?

13. Neptuno tarda 174 años en completar una sola órbita: es más que los sesenta y seis años que vivió Leverrier sumados a los setenta y tres de Adams, pero los noventa y ocho de Galle inclinan la balanza.

14. Semanas después del primer avistamiento de Neptuno (el 23 de septiembre de 1846), el astrónomo aficionado William Lassell (1799-1880), de Liverpool, descubrió su luna más grande, Tritón, el 10 de octubre. Otros astrónomos confirmaron el hallazgo el mes de julio siguiente.

¿Cuándo sabremos qué metales revuelven, qué gases respiran? No hay duda de que los futuros descubrimientos astronómicos exigirán telescopios cada vez más grandes y potentes. Aunque vayamos a ver a grandes mentes intuir la ubicación de nuevos planetas por la mera fuerza de la teoría y los cálculos, ¿no necesitaremos grandes herramientas para arrancar del reino de lo invisible a esos mundos supuestos? Los reflectores más grandes de William alcanzaban una longitud de doce metros, con un espejo de un metro veinte de diámetro, pero el enorme espejo se manchaba tan a menudo que William lo cambió por otro más pequeño y más práctico. Mi sobrino retiró formalmente al monstruo de doce metros hace algunos años, en la Navidad en que se reunió con Margaret y todos los niños dentro del tubo para cantar una balada que él mismo había compuesto para la ocasión. Pero vaticino que pronto surgirán artesanos más hábiles, quizás en vida de usted, que fabricarán nuevos modelos más grandes y más intrépidos, capaces de traspasar el límite audaz de William, para recoger del espacio vastos océanos de luz.

Con la expectativa de lo que quizás veamos juntas, y de nuevo con mi más profunda y sentida enhorabuena, la saluda atentamente,

CAROLINE LUCRETIA HERSCHEL

POSDATA

La señorita Herschel y su hermano siempre sostuvieron que el descubrimiento de Urano no había sido un feliz accidente, sino el fruto de largos años consagrados a construir un instrumento superior y a utilizarlo continuamente.

«Hacer que una persona vea con semejante potencia —escribió sir William— es casi lo mismo que si me pidieran que le haga tocar una fuga de Handel al órgano.»

Cuando dos siglos más tarde aparecieron inesperadamente los anillos del planeta, este descubrimiento también se consideró fortuito. Pero hicieron falta diez astrónomos apretujados en el muelle de carga de un observatorio aéreo que volaba sobre el océano Índico, con la misión de medir las dimensiones exactas de Urano al seguir su paso previsto por delante de una estrella, para encontrar semejantes sorpresas con tanta suerte.

Alrededor de media hora antes del previsto eclipse de la estrella por Urano, el 10 de marzo de 1977, la estrella titiló un momento. Volvió a titilar varias veces, hasta que Urano oscureció totalmente su luz durante 22 minutos. Cuando la estrella reapareció por detrás del disco del planeta, reanudó su centelleo, repitiendo al revés la misma pauta de encenderse y apagarse, como si se hubiese encontrado con obstáculos de imagen de espejo en el otro lado. Perplejos, los astrónomos hablaron emocionados entre ellos de un posible Urano con anillos, incluso antes de que aterrizara su histórico vuelo, pero la incredulidad y la cautela retardaron varios días el anuncio público de los anillos.

También sir William había informado de que una vez vio un anillo en el planeta que había descubierto, pero más tarde se retractó alegando una percepción errónea. No era posible que hubiera atisbado los aros ultraoscuros y ultradelgados de roca helada y polvo muy comprimidos, ni siquiera con el mejor de sus excelentes telescopios, pues los anillos reflejan demasiada poca luz visible. Solo revelaron su presencia obstruyendo la luz de una estrella, y siguieron siendo nueve sombras invisibles durante el decenio siguiente, hasta que fue posible visitarlos y fotografiarlos de cerca.

Como es natural, los anillos circundan la parte más ancha del planeta, en el ecuador. Pero Urano, que sufrió hace eones el fuerte impacto de un agresor descomunal, descansa en su ecuador. En consecuencia, sus anillos no lo rodean horizontalmente, como los de Saturno, sino que están verticales y hacen que el planeta se asemeje a una diana suspendida en el cielo. Atravesó esta diana, como una flecha que no alcanzase por poco su objetivo, la nave espacial *Voyager 2* en su viaje de aproximación a Urano, en enero de 1986.

La nave descubrió otros dos débiles anillos alrededor del planeta y diez satélites diminutos. Los astrónomos habían vaticinado un amplio censo de lunas pequeñas que apoyasen los bordes afilados de los anillos de Urano, y la súbita abundancia de cuerpos reales les obligó a repasar el repertorio shakespeariano. Cordelia, Julieta, Ofelia, Desdémona y otras parecidas se sumaron a Titania, a Oberón y a otras tres lunas anteriormente conocidas. Desde 1992, telescopios perfeccionados, situados en la Tierra y en órbita alrededor de ella, han detectado satélites aún más minúsculos, debidamente bautizados con nombres de magos, monstruos y personajes secundarios de Shakespeare.

La mayoría de estas lunas aparecen tan oscuras como los anillos, como si estuvieran envueltas en hollín. Quizás la misma colisión que puso a Urano vertical hace mucho tiempo trastornó la química de sus compuestos con contenido de carbono y levantó el suficiente polvo negro para manchar a los acompañantes del planeta.

En contraste con las lunas y los anillos sucios, Urano se presenta como una perla de color azul verdoso, liviana y luminiscente. Su gemelo cercano, Neptuno, ofrece una belleza más compleja, con sus tenues rayas y puntos que varían del azul real al azul marino, el azur, el turquesa y el aguamarina. Los dos planetas cubren su atmósfera superior con cristales congelados de metano, que absorben las longitudes de onda rojas emitidas por el Sol y expulsan al espacio los colores azules y verdes.

Bajo estos cielos azulados de hidrógeno y helio, ni Urano ni Neptuno conocen una superficie sólida. En cambio, sus gases atmosféricos dan paso a gases interiores que progresivamente se espesan y se comprimen bajo la presión creciente en los niveles más hondos, y que cesan en los núcleos de hielo rocoso de ambos planetas.

Urano y Neptuno constituyen una clase propia de objetos del Sistema Solar: los «gigantes de hielo». Los dos poseen una masa muy superior a la de la Tierra (la de Urano la supera por un factor de 15, y la de Neptuno por 17), pero son unos enanos comparados a su vez con los «gigantes gaseosos», Júpiter (318 veces la masa de la Tierra) y Saturno (95 veces). Los gigantes de hielo podrían haber alcanzado proporciones más grandes si se hubieran mantenido alineados detrás de los gigantes gaseosos en la fiesta del crecimiento planetario.

Los «hielos» que caracterizan a las atmósferas profundas de Urano y Neptuno contienen agua, amoníaco y metano. Los científicos planetarios llaman hielo a estos compuestos porque se solidifican a bajas temperaturas. Sometidos a presión dentro de estos planetas, los hielos sin duda hierven como océanos formados por un caldo de agua, amoníaco y metano. La sopa caliente sigue siendo, sin embargo, «hielo» en el lenguaje de los científicos, como el «hielo caliente y la maravillosa, extraña nieve» del *Sueño de una noche de verano.*

Dentro de ese alboroto líquido de estos mantos planetarios, donde los hielos hirvientes se mezclan con fragmentos de roca derretida, el giro de Urano y Neptuno mueve corrientes eléctricas que generan campos magnéticos globales alrededor de ambos mundos.

Urano y Neptuno giran a una velocidad de rotación similar (17 y 16 horas, respectivamente), pero no se parece en nada el modo en que transcurren sus días, porque la insólita postura prona de Urano confunde el sentido de los días a medida que las estaciones cambian. Inclinado sobre un lado, Urano tarda casi 84 años de la Tierra en completar una sola revolución, y pasa veinte años de cada órbita con su Polo Sur mirando hacia el Sol, y después otros veinte años con su Polo Norte en la misma dirección. En tales momentos, la rápida rotación del planeta no consigue producir un ciclo de luz y oscuridad, y, por lo tanto, los «días» (y las «noches») duran dos décadas enteras. Sin embargo, durante los dos períodos de veinte años en que el Sol mira al ecuador de Urano, los días menguan hasta unas ocho horas, seguidos de noches de igual duración.

La inclinación de 29 grados de Neptuno —similar a la de la Tierra, Marte o Saturno— genera días de una duración más coherente a lo largo de sus años excesivamente largos, cada uno equivalente a 163,7 años de la Tierra, o casi el doble que los de Urano.

A Urano, a más de 3.000 millones de kilómetros del Sol, le llega muy poca luz y calor solares, y aún menos a Neptuno, situado 1.600 millones de kilómetros más lejos. Pero las altas atmósferas de los dos planetas registran la misma baja temperatura, y esta semejanza revela una importante diferencia entre ellos: el más lejano Neptuno genera bastante más calor desde su interior.

Su energía calorífica activa pautas climáticas, con tormentas oscuras y nubes blancas que vientos veloces transportan de un lado a otro de las extensiones azules del planeta. Algunas de esas tempestades se parecen en tamaño y forma a la Gran Mancha Roja de Júpiter, aunque al parecer cambian libremente de forma según giran. Vagan también de una latitud a otra y se disipan al pasar, en vez de subsistir confinadas en alguna zona específica.

Antes de que el *Voyager 2* pasara junto a Neptuno en 1989, el planeta solo tenía dos lunas conocidas. La más grande, avistada por primera vez por William Lassell en 1846 y más tarde llamada Tritón (como el semidiós marino, hijo de Neptuno), asombró a su descubridor porque orbitaba a Neptuno *hacia atrás*. Es probable que el planeta capturase esta luna —un cuerpo del tamaño del planeta Plutón— y le impusiera una sumisión orbital. La segunda luna, Nereida (una ninfa del mar), fue descubierta y bautizada por Gerard Kuiper en 1949.[15]

El *Voyager 2* encontró seis satélites pequeños y oscuros orbitando cerca de (y entre) los anillos tenues, polvorientos y helados de Neptuno. Estas lunas —Nayad, Thalassa, Despina, Galatea, Larisa y Proteo (todas llamadas con nombres de divinidades marinas)— inducen a las partículas de los anillos a agruparse en racimos desordenados. A distancia, recortados contra el telón de fondo de las estrellas, los anillos crean la ilusión de arcos fragmentarios porque obstruyen la luz estelar en un lado u otro de Neptuno, pero no en los dos. Solo una inspección detenida permite ver cómo las curvas se unen, a lo largo de finos puentes que conectan la materia, para formar anillos completos.

Aunque ninguna nave espacial ha visitado a los gigantes de hielo desde la década de 1980, el ritmo de descubri-

15. Al astrónomo holandés-norteamericano Gerard Peter Kuiper (1905-1973) se le suele considerar el padre de la ciencia planetaria moderna.

mientos en Urano y Neptuno ha aumentado últimamente, gracias a las observaciones efectuadas desde la Tierra y cerca de ella mediante la radiación infrarroja, la misma región del espectro electromagnético que descubrió sir William Herschel en 1800.

Experimentando con termómetros y un prisma, sir William había tomado la temperatura de los diversos colores de la luz del Sol y había advertido que el mercurio ascendía del violeta a través del rojo, y que *seguía* ascendiendo en lo que él llamó la «luz invisible» o «rayos caloríficos» más allá del rojo. Pero nunca pudo aplicar este importante descubrimiento a sus investigaciones astronómicas, porque el vapor de agua que hay en la atmósfera de la Tierra —el mismo enemigo temido que impulsó a sir William a frotarse la piel con una cebolla para eludir las fiebres palúdicas cuando desafiaba el húmedo aire nocturno— bloquea casi todas las emisiones de infrarrojos procedentes de planetas y estrellas.

Sin embargo, los telescopios en órbita eluden la interferencia de la humedad atmosférica. Desde una posición privilegiada, 600 kilómetros por encima de la superficie de la Tierra, la cámara de infrarrojos del telescopio espacial Hubble ha seguido los cambios recientes en los gigantes de hielo. Asimismo, grandes telescopios situados en tierra, especialmente equipados e instalados a gran altitud en Hawái y Chile, ahora recogen y amplifican las pocas longitudes de onda de radiación de infrarrojos que atraviesan la atmósfera de la Tierra. Nuevas y detalladas fotografías múltiples muestran una oscura cubierta que se extiende sobre el Polo Sur de Urano, a medida que el verano se va acercando a su fin, mientras que en el hemisferio norte se congregan grandes nubes brillantes. Cuando el planeta avanza hacia una nueva estación, gira sus delgados anillos para situarse frente a la Tierra. (Si no hubieran sido descubiertos en 1977, los anillos no serían detectables ahora). En Neptuno, la actual formación de nuevas nubes brillantes en el hemisferio sur aclara gradualmente el color del cielo.

Pescado en el charco del espacio como respuesta a un rompecabezas, el planeta pagó el favor de su descubrimiento planteando un nuevo problema dinámico. A principios del siglo XX, la convicción de que Neptuno no podía explicar por sí solo todas las anomalías orbitales de Urano (por no hablar de algunas rarezas del propio Neptuno) fomentó la «búsqueda del planeta X» que culminó en el descubrimiento de Plutón.[16] Sin embargo, nuevos cálculos recientes demostraron que la masa de Neptuno era, de todos modos, suficiente. El *Voyager 2*, la única nave que visitó Júpiter, Saturno, Urano y Neptuno, realizó mediciones precisas de la atracción que cada planeta gigante ejercía sobre el pequeño volumen de la aeronave. Estos resultados forzaron una revisión al alza de la masa calculada de Neptuno, que alcanzaba el 0,5 por ciento, o justo lo suficiente para constatar que Plutón es irrelevante en el trazado de la órbita de Urano. Al igual que en la época de la señorita Herschel, podemos seguir atribuyendo los vagabundeos de Urano a la presencia de Neptuno.

Pero si Urano no reclama más explicaciones de los límites exteriores del Sistema Solar, sí las necesitan las lunas de Neptuno. Las extrañas pautas orbitales de Tritón y Nereo apuntan con un dedo acusador a los orígenes de los

16. Plutón fue descubierto por el astrónomo estadounidense Clyde W. Tombaugh (1906-1997), y el hallazgo se anunció públicamente el 13 de marzo de 1930.

abismos exteriores. Allí, mucho más allá del ámbito de los planetas principales, y justo por debajo del actual umbral de detección, se esconden incontables objetos que aún aguardan su descubrimiento.

11

Ovni

Mi abuelo Dave llegó con diez años a Ellis Island, un extraño solo entre una multitud, y trabajó montones de horas —cosiendo ojales, repartiendo agua de Seltz— para traerse a su madre, a su padre y a sus hermanos pequeños que estaban muy lejos, al otro lado del océano. «¡Mamá!», le gritó desde el otro extremo de la sala de inmigración atestada, donde funcionarios de sanidad la habían detenido a causa de una infección ocular más extranjera e indeseada que ella misma. La deportación parecía inminente, pero los funcionarios, conmovidos por el emocionante encuentro de la madre y el hijo, permitieron a Malka Gruber la entrada en Estados Unidos.

Mi madre nunca pudo contar esta historia sin llorar, como si hubiese presenciado los abrazos o sufrido la amenaza de expulsión. Incluso cuando era muy anciana, evocar aquel momento tan anterior a su propio nacimiento le atenazaba la garganta. A mí también, a pesar de pertenecer a una generación posterior, se me humedecen los ojos al recordarlo: una reacción empática que me predispone —como ha mostrado un reciente estudio psicológico— a crear falsos recuerdos, como el que ahora predomina entre un número estimado de tres millones de norteamericanos: el de haber interactuado con visitantes de otros planetas.

La idea de que pudiesen llover extraterrestres de otros planetas —en oposición al «viejo país» que mis abuelos y otros inmigrantes habían abandonado— ganó terreno en 1896. Aquel año, Percival Lowell, vástago de los pudientes y privilegiados Lowell de Boston, concienció al público sobre la calamidad que aquejaba a los pobres marcianos, que casi habían agotado sus reservas de agua y dosificaban la que quedaba a través de una red de canales en su territorio.

Lowell había pasado su juventud viajando por Europa, Oriente Próximo y Extremo Oriente, y había demostrado su talento para las lenguas y su olfato para explicar costumbres extranjeras a los yanquis. Preparándose para la aproximación a Marte, en 1894, se entregó a su pasión por la astronomía instalando un observatorio privado en Flagstaff, Arizona, libre del control de cualquier autoridad académica, militar o gubernamental. A los treinta y nueve años, Lowell se extralimitó de tal manera —construyó y equipó la sede en «Mars Hill», para la que contrató personal; observó el planeta desde mayo de 1894 hasta abril de 1895; recopiló sus pensamientos y novecientos dibujos en su popular libro *Marte*, y pronunció numerosas conferencias durante una larga gira, antes de trasladarse a México para presenciar la oposición siguiente de Marte, en 1897—, que se derrumbó. El ataque, diagnosticado como «grave agotamiento nervioso», le mantuvo inactivo cuatro años.

Cuando regresó a Flagstaff desde Boston, en 1901, encontró a su personal desmoralizado por el alboroto respecto a los canales. Las conclusiones sensacionalistas de Lowell y la prisa con que las había publicado convirtieron a Mars Hill en el hazmerreír de los astrónomos profesionales. Aunque inmune a las críticas, Lowell, que había descollado en Matemáticas en Harvard, decidió restablecer la reputación de su observatorio calculando el paradero de un noveno planeta. Bastantes discrepancias seguían perturbando la órbita de Urano como para sugerir que las gestas espectaculares de Adams y Leverrier en el siglo anterior pudieran repetirse en suelo norteamericano y que se descubriera un mundo nuevo allende Neptuno.

Lowell llamó a su presa «planeta X». La persiguió con entusiasmo, aunque sin éxito, hasta su muerte, en 1916. Durante los diez años que siguieron, la viuda desbarató todas las operaciones del observatorio cuestionando la voluntad expresada en el testamento. La búsqueda del planeta se reanudó finalmente en 1929, con un nuevo telescopio específico situado en una cúpula nueva de Mars Hill, y un joven bisoño —un aficionado que solo tenía estudios secundarios— contratado por correo para manejarlo.

Clyde Tombaugh, quizás el muchacho más íntegro, trabajador e intachable que abandonó nunca los campos de trigo de Kansas por la atalaya astronómica de Arizona, trocó todos sus ahorros por un billete de ida en tren a Flagstaff. Obedeciendo a un impulso, había enviado al observatorio Lowell sus dibujos de Júpiter y Marte, tal como los veía con su telescopio casero. El director, impresionado, le contestó interrogándole sobre su salud y le ofreció el empleo difícil y mal pagado de rastrear los cielos metódicamente, palmo a palmo.

A diferencia de Johann Galle, que encontró Neptuno al cabo de solo una hora de esfuerzo dirigido, Clyde Tombaugh pasó diez meses de noches frías en la cúpula abierta de Mars Hill, fotografiando el cielo en una serie meticulosa de exposiciones que duraban horas. Después de revelar las placas, las examinaba y las cotejaba por parejas con un microscopio, escudriñando los muchos miles de puntos de luz para ver cuáles, si es que había alguno, habían cambiado de posición de una imagen a otra. Mediante este tedioso proceso localizó el planeta X de Lowell a mediados de febrero de 1930. El planeta viajaba entre las estrellas de Géminis, a una velocidad que sugería que se hallaba a una distancia de 1.600 millones de kilómetros de la órbita de Neptuno, y más o menos en las coordenadas que Lowell había predicho.

Cautelosos, los colegas más viejos de Tombaugh le hicieron confirmar y reconfirmar su descubrimiento durante tres semanas antes de publicar un anuncio oficial, con todo el protocolo debido, enviando por correo una circular detallada a todos los observatorios y departamentos de astronomía que conocían. El mundo enloqueció. La Associated Press dio la noticia por teletipo y cuando llegó a *The Tiller and Toiler*, el semanario de Pawnee County, Kansas, el redactor jefe telefoneó a Muron y Adella Tombaugh a su granja de Burdett y les preguntó: «¿Sabían que su hijo ha descubierto un planeta?».

Clyde tenía veinticuatro años. Tras haber hecho historia, pidió una excedencia en el observatorio para ingresar en la Universidad de Kansas y licenciarse en Astronomía.

Una avalancha de telegramas inundó Flagstaff en respuesta a la noticia sobre Plutón, seguida de sacas de correo y, poco después, de cientos de visitantes diarios. Los reporteros pedían a gritos fotos, pero las imágenes del descubrimiento sin duda defraudaron casi todas las expectativas. Parecían dos borrones de tinta que solo diferían entre ellos por la colocación de un único punto, no más grande que el de una «i».

Los mejores instrumentos disponibles intentaron obtener mejores vistas de Plutón, pero pocos lograron ver el débil punto transformado en un disco con forma de planeta, y ya no digamos distinguir características en su superficie. En realidad, Plutón es tan pequeño y está tan lejos que incluso hoy las fotos más minuciosas, obtenidas con el telescopio espacial Hubble, revelan una mera esfera nebulosa de tonos grises, tan insatisfactoria y sin detalles como una foto trucada de un ovni.

Astrónomos escépticos en 1930 pusieron en entredicho el descubrimiento del planeta X. *Aquel* planeta prometía superar en varias veces la masa de la Tierra, ser lo bastante grande como para influir en Urano y Neptuno. El planeta recién descubierto, en cambio, parecía demasiado inconsistente para remolcar a gigantes.

Desde la década de 1930, las nuevas técnicas de medición perfeccionadas han ido empequeñeciendo cada vez más a Plutón. Su masa disminuyó desde el cálculo original de *diez veces* la de la Tierra a *una décima parte*, a *una centésima parte* y a *dos milésimas partes.* Entretanto su diámetro disminuía de casi 13.000 kilómetros a algo más de 2.000 kilómetros, a lo sumo. Es más pequeño que el planeta Mercurio y que siete satélites del Sistema Solar, entre ellos nuestra Luna. La de Plutón, Caronte, descubierta en 1978, tiene la mitad de anchura que Plutón, mientras que el diámetro de casi todas las demás lunas es solo una centésima parte del de los planetas que orbitan.

La caída en picado del tamaño de Plutón a lo largo de los cincuenta años que siguieron a su descubrimiento incitó a dos astrónomos planetarios a publicar en 1980 un gráfico estrafalario que representaba la pérdida de masa como una función del tiempo, ¡y auguraba que el planeta no tardaría en desaparecer!

Marchito y ridiculizado, Plutón perdió por completo su razón de ser después de que el *Voyager 2* sobrepasara Neptuno en 1989. La necesidad de un noveno planeta se desvaneció al comprender que Neptuno y Urano equilibraban entre sí las anomalías de sus órbitas. Al parecer, los cálculos que llevaron a Lowell a predecir la existencia del planeta X no eran acertados. Plutón había entrado en la mente popular como la respuesta a una pregunta sin sentido.

En 1992, un nuevo cuerpo pequeño, semejante a Plutón, apareció en los márgenes del Sistema Solar. Le siguieron otros cinco en 1993, y en los años siguientes varios *centenares* más. Esta población distante ofreció a Plutón una nueva identidad: si no la de último planeta, la de primer ciudadano de una lejana y populosa orilla.

Plutón parecía estar recreando la historia del primer asteroide, Ceres. Capturado, igual que Plutón, mediante cálculos matemáticos, Ceres fue acogido como el «planeta perdido» entre Marte y Júpiter a comienzos del siglo XIX. Cuando la observación continuada demostró que era demasiado raquítico y de un tipo tan común que no alcanzaba el rango de los mundos principales, en 1802 los astrónomos volvieron a clasificar a todo el grupo como «asteroides», y más adelante como «planetas menores».

No hubo protestas públicas cuando se aplicaron estos términos inferiores a Ceres, Palas y sus compañeros. Plutón, en cambio, conserva un valor emotivo en el ámbito planetario. La gente lo ama. Los niños se identifican con su pequeñez. Los adultos achacan su ineptitud, su existencia marginal, a que es un inadaptado. Cualquiera acostumbrado a un censo de nueve planetas, cualquiera que se oponga a cambios en el *statu quo*, se niega a descalificarlo por culpa de una cuestión técnica.

Incluso dentro de la hermandad de astrónomos planetarios, que agrupa a seiscientos miembros, hay una furiosa división de opiniones sobre Plutón. ¿Es o no es un planeta? Por desgracia, la palabra *planeta*, acuñada mucho antes de que la ciencia exigiera definiciones muy específicas, no abarca las muchas gradaciones de sentido posibles que suscitan los descubrimientos recientes.[1]

La campaña para expulsar a Plutón de la lista de planetas, aunque ampliamente considerada una degradación vergonzosa, de hecho, rinde homenaje a la mayor diversidad de un Sistema Solar expandido. Plutón y sus congéneres llenan una «tercera zona» con forma de dónut que se extiende hacia el exterior de Neptuno hasta, como mínimo, cincuenta veces la distancia entre la Tierra y el Sol. Como entre todos los objetos que ocupan este territorio hay diferencias fundamentales con los mundos terrestres de la primera zona o los gigantes de gas y de hielo de la segunda, se les ha dado la nueva denominación de «enanos de hielo» u «objetos del Cinturón de Kuiper».

El epónimo Gerard Kuiper concibió por primera vez la existencia de estos cuerpos en 1950. Nacido y educado en Holanda, Kuiper emigró a Estados Unidos en 1933 y se convirtió en el defensor principal de los estudios planetarios y el descubridor, entre otros hallazgos, de la atmósfera de Titán y de los nuevos satélites de Urano y Neptuno. Mirando al futuro, Kuiper vaticinó que Plutón, el paria solitario del Sistema Solar, tendría cientos o miles de compañeros de viaje. Medio siglo después, cuando las miríadas de Kuiper empiezan a materializarse en el piélago más allá de Neptuno, los astrónomos las reconocen como hipótesis ciertas.

Entre los objetos más grandes del censo siempre creciente del Cinturón de Kuiper figuran Quaoar, Varuna e

1. Al igual que *planeta*, la palabra *vida* plantea dificultades similares a los astrobiólogos: un incendio arrasador, por ejemplo, exhibe una conducta parecida a la vida, puesto que contiene oxígeno, crece, se desplaza, consume y hasta genera nuevos incendios con sus chispas, pero no está «vivo».

Ixión, descubiertos en 2001 y 2002. Sus nombres reflejan una ética moderna de conciencia étnica: Quaoar es la fuerza creadora reconocida por la tribu tonga, los habitantes originales de lo que hoy es Los Ángeles.

Plutón, el primer objeto del Cinturón de Kuiper, describe una órbita abruptamente inclinada y muy elíptica. En un período de 248 años, se eleva sobre el plano del Sistema Solar y se hunde por debajo de él, se aleja hasta casi dos veces la distancia que separa a Neptuno del Sol en un extremo y por el otro se esconde dentro de la órbita de Neptuno.[2] Esta trayectoria tortuosa, tan distinta de la de cualquier otro planeta, contribuyó a clasificar a Plutón como un bicho raro desde el primer momento. Sin embargo, para los parámetros del Cinturón de Kuiper, la órbita parece normal. Unos ciento cincuenta objetos del Cinturón de Kuiper trazan el mismo camino y todos evitan la colisión con Neptuno gracias al acuerdo de resonancia entre ellos: Neptuno orbita al Sol tres veces en el tiempo que Plutón y los demás lo rodean dos veces. Cuando Plutón allana la órbita de Neptuno, siempre lo hace cuando este se encuentra en el apogeo de su giro, y lo deja muy abajo y a una distancia, como poco, de la cuarta parte de su rotación.

Plutón gira sobre su eje una vez cada seis días, mostrando y escondiendo los tenues borrones de su paisaje impreciso. Al igual que Urano, gira de costado, víctima de una colisión anterior. De hecho, los científicos planetarios creen que un solo agresor chocó contra Plutón y le desgajó de golpe su luna Caronte.

2. La última vez que Plutón se hundió en la órbita de Neptuno fue en 1979, y emergió en 1999. En el perihelio, en 1989, se encuentra aproximadamente 1.600 millones de kilómetros más cerca de la Tierra que cuando fue descubierto en 1930.

Plutón y Caronte, separados solamente por unos 20.000 kilómetros, orbitan juntos alrededor de un punto situado a una determinada distancia entre ellos. Como los dos rotan a la misma velocidad alrededor de este punto, ambos presentan siempre la misma cara hacia el otro. La singularidad de su órbita conjunta ha ocasionado que se les llame «Plutón-Caronte», el primer ejemplo conocido de un planeta realmente «doble» o «binario».

Menos de una década después del descubrimiento de Caronte, él y Plutón se orientaron en el espacio de tal modo que se turnan eclipsándose uno a otro, tal como se observaba desde la Tierra. Una disposición tan casual solo ocurre dos veces durante la órbita de Plutón, o una vez cada 124 años. A partir de 1985, los astrónomos aprovecharon los numerosos eclipses mutuos para obtener las mejores aproximaciones posibles sobre la masa, el diámetro y la densidad de los dos cuerpos. Con una densidad que casi dobla la del agua, Plutón y Caronte son más densos que cualquiera de los gigantes gaseosos vecinos, aunque no tanto como los planetas terrestres, ricos en hierro, Mercurio, Venus y la Tierra.

Quizás de dos tercios a tres cuartas partes de Plutón se componen de roca, y el resto de hielo. Encima de su lecho rocoso de agua nieve, se han identificado a distancia extensiones de nitrógeno congelado, metano y monóxido de carbono. Cuando Plutón se calienta dentro de la órbita de Neptuno durante dos decenios de cada dos siglos, en el momento de su máxima aproximación al Sol los hielos de su superficie se evaporan parcialmente y se forma una atmósfera inflada y enrarecida. Más tarde, cuando Plutón se aleja del Sol y su temperatura recobra su frialdad normal (–200 °C), la atmósfera cae y cubre el suelo, sobre todo, alrededor de los polos, con una capa de nieve reciente y exótica. En este sentido, Plutón se comporta un poco como un cometa (que también se calentaría y desprendería gas helado al acercarse al Sol), aunque sigue estando demasiado lejos para crear un gran despliegue.

Cuando la luz solar llega a Plutón, la distancia ha disminuido mil veces y el planeta iluminado por el Sol durante el día se parece a una noche de invierno bajo la luz de la Luna. En el paisaje reflectante de Plutón, la escarcha de la superficie coexiste con áreas oscuras que pueden representar afloramientos de roca o depósitos de compuestos orgánicos extraídos del hielo por la luz ultravioleta del Sol. Es probable que proliferen en Plutón polímeros de colores ricos en carbono: rosa, rojo, anaranjado y negro.

A pesar de la similar composición de Plutón y Caronte y su origen común, la masa más pequeña de la luna y su gravedad menor hacen que pierda el control de los gases. Las moléculas que se evaporan de la superficie de Caronte no se ciernen en el aire a la espera de caer como copos de nieve; simplemente se escapan al espacio. En consecuencia, Caronte refleja mucha menos luz que Plutón y es muy probable que su superficie ofrezca en las fotografías un tono mate neutro cuando una nave visitante visualice, finalmente, estos mundos binarios.

Todas las tentativas previas de organizar una misión a Plutón fracasaron en la etapa de financiación, antes de que una nave llegase a la plataforma de lanzamiento y, por supuesto, antes de que empezase el largo viaje. En la actualidad, tras la cancelación decepcionante de proyectos como «Plutón exprés» y «Aproximación rápida a Plutón», los plutófilos tienen, por fin, a un explorador que está siendo preparado para el Cinturón de Kuiper. El minimalista «Nuevos horizontes» de la NASA, equipado para cartografiar y fotografiar de cerca Plutón, Caronte y al menos otro objeto del Cinturón, debería ver su tierra prometida en 2015. Para entonces, es posible que el número de objetos del Cinturón de Kuiper conocidos haya aumentado exponencialmente, desde los ochocientos identificados por ahora hasta los cientos de miles previstos.

La demografía del Cinturón apunta ya a las grandes oleadas de migración que caracterizan la historia primitiva del Sistema Solar. Parece ser que todos los objetos del cinturón fueron exiliados a sus ubicaciones actuales desde posiciones más cercanas al Sol, en la época en que los planetas gigantes estaban terminando su proceso de formación. Júpiter y Saturno se tragaron a algunos planetésimos pequeños en sus inmediaciones y aceleraron a muchos más con tanta fuerza que los expulsaron del Sistema Solar. Aunque Urano y Neptuno también participaron en esta diáspora planetesimal, carecían del poder de lanzar objetos totalmente fuera del alcance del Sol y, en lugar de eso, los relegaron al Cinturón de Kuiper.

A raíz de estos desplazamientos, Júpiter perdió parte de su energía orbital y se aproximó al Sol. Por el contrario, Saturno, Urano y Neptuno adquirieron energía y se alejaron aún más. A Plutón, que se cree que en aquella fase temprana describía una órbita redonda y regular, lo empujó hacia fuera la influencia gravitatoria de Neptuno. Durante decenas de millones de años, este planeta obligó a Plutón, el supremo expatriado, a seguir una órbita cada vez más inclinada y elíptica.

Así pues, los sucesos en el Sistema Solar influyeron en Plutón y los demás residentes del Cinturón de Kuiper. Aunque los científicos confiaban en que el cinturón conservase materia intacta, inalterada desde la formación del Sol, ahora lo ven como una zona bélica donde los cuerpos fueron depositados para que se desgastaran entre sí. Hay que buscar en otro lugar más distante las auténticas, las impolutas raíces genealógicas de la familia solar.

Hoy, submundos cada vez más lejanos aparecen flotando más allá del Cinturón de Kuiper. Actualmente, el miembro más lejano conocido del Sistema Solar es el planetoide Sedna, descubierto en 2003 y que lleva el nombre de la diosa esquimal del mar de hielo. Con un tamaño de alrededor de la mitad de nuestra Luna, Sedna parece trazar una órbita que alcanza novecientas veces la distancia de la Tierra al Sol y que tarda 10.000 años en completar.

Más allá, entre el cuerpo tenue de Sedna y el brillante espectáculo de las estrellas alejadas, los astrónomos esperan encontrar un enjambre esférico de trillones de objetos pequeños en torno al Sistema Solar. Entre estos residuos congelados de la creación se hallan quizás las respuestas más profundas a la pregunta: ¿de dónde venimos?

Los remotos restos antiguos se distribuyen a lo largo de un área tan extensa que la periferia del Sistema Solar es transparente como una bola de cristal. A través de la burbuja de su frontera exterior vemos para siempre —cruzando la Vía Láctea, morada de nuestro Sol, hasta las otras galaxias que giran como molinillos diseminados por el universo— sus miles de millones de estrellas consteladas de planetas.

Hay veces en que la visión increíble del profundo espacio me mueve a cavar como un animalillo una madriguera caliente y segura en la Tierra. Pero con la misma frecuencia siento que el universo me tira del corazón y me propone pertenecer a una comunidad más grande en todas las demás Tierras que existen en otra parte.

12

Planetarios

Hubo una gran fiesta en la casa de Andy Ingersoll en Pasadena la noche después de que la nave espacial *Cassini* se insertara sin percances en la órbita alrededor de Saturno, en el verano de 2004. La música y el baile, la comida y la bebida, la camaradería eran realmente en honor de los científicos e ingenieros cuyos años de trabajo habían culminado en tan feliz causa de festejo, pero también habían invitado a unas cuantas personas ajenas al proyecto que habían estado en el sitio correcto en el momento adecuado.

Llegué demasiado pronto y encontré a nuestro anfitrión, un importante y venerado científico planetario en el cercano Jet Propulsion Laboratory, confeccionando una maqueta de Saturno para colgarla en el camino de entrada e indicar dónde era el lugar de la fiesta a los doscientos invitados. Tenía consigo una vieja pelota roja atada todavía con una cuerda, y en la mesa despejada de la cocina estaba recortando anillos de cartón de la proporción correcta para pegarlos en el sitio correspondiente. Entró un colega por una puerta trasera y de una manera informal empezó a ofrecerle consejo técnico, como si el conjunto ornamental fuera un nuevo reto científico. Minutos después, Saturno colgaba de una rama, atado a una cuerda.

Ingersoll, alto y huesudo, hace maquetas excelentes de atmósferas planetarias. Elabora análisis climáticos complejos a partir de los datos que recogen telescopios y naves espaciales: tomas de temperaturas, depósitos de gas, presiones de fluidos, velocidades del viento, tipos de nubes. Sus artículos en publicaciones tienen títulos como: «El invernadero fugitivo: una historia del agua en Venus», «Dinámica de las bandas de nubes jupiterinas» y «Parachoques estacional de la presión atmosférica en Marte». Es probable que pudiera rivalizar en ingenio con cualquiera de los astrónomos más célebres de la historia, pero no que dominara el futuro, tal como hoy perduran un Cassini o un Huygens, porque la propia naturaleza de la ciencia ha cambiado en la actualidad, y ha pasado de ser un ámbito para genios solitarios a un esfuerzo colectivo.

El animadísimo partido de voleibol en el traspatio de Ingersoll entre los invitados que llegaron primero concluyó como una media hora después, cuando aparecieron los del servicio de *catering* para colocar el largo *buffet* e instalar mesas y sillas plegables alrededor y debajo de los árboles. En el grupo con el que me senté, la mitad de la gente hablaba italiano y la otra mitad inglés con acento británico. La fiesta se fue volviendo cada vez más multinacional porque la nave *Cassini* es mundial en todos los sentidos. Como proyecto conjunto de la NASA, la ESA (la Agencia Espacial Europea) y la ASI (Agenzia Spaziale Italiana), *Cassini* representa a diecisiete países y los talentos reunidos de unas cinco mil personas, entre ellas un equipo de costureras que cortaron a medida el traje térmico de lamé dorado de la nave para proteger sus instrumentos de los micrometeoroides del tamaño del polvo y del frío extremo reinante en el entorno próximo a Saturno.

Cada nueva hornada de invitados que iban llegando traía boletines nuevos del laboratorio. Algunos llevaban días sin dormir, y se les notaba, pero les deleitaba la causa de su extenuación. Todas las noticias de *Cassini*, transmitidas a los receptores de la Deep Space Network en España, Australia y California, eran buenas. Inmejorables, de hecho. Las primeras fotos tomadas desde la nave de los anillos de Saturno mostraban una riqueza de detalles tan exquisita que un astrónomo había acusado a otro, que le adelantaba en la recepción de datos, de la broma pesada de adulterar las imágenes.

El flujo de adrenalina que la mayoría de aquellos hombres y mujeres habían experimentado la noche anterior, cuando *Cassini* atravesó los anillos de Saturno, se había suavizado hasta diluirse en una especie de euforia general, en una verdadera fiesta saturnal. Al mismo tiempo que los invitados brindaban por el éxito presente, también saludaban la crucial fase siguiente de la misión: la entrega, seis meses después, del pasajero robótico de *Cassini*, la sonda *Huygens*, a Titán, la luna más grande de Saturno. Este satélite grandioso, más grande que Mercurio o Plutón, y que posee una espesa atmósfera anaranjada, tan rica en nitrógeno como nuestro aire, hace largo tiempo que intriga a los científicos por los atisbos que promete de las condiciones existentes en la Tierra antes de que hubiera vida. Nadie sabía aún lo que había en la superficie de Titán, oscurecida por una niebla tóxica, pero muchos científicos estaban dispuestos a apostar por la presencia de grandes lagos llenos de frío metano líquido y otros hidrocarburos.

«Sueño con un aterrizaje en un océano —había dicho Jean-Pierre Lebreton, un científico del proyecto *Huygens*, la víspera de la fiesta en una reunión con la prensa—. Llegar a Titán ahora es como remontarse en el tiempo hasta la Tierra de hace 4.000 millones de años.»

Desde el primer momento en que Christiaan Huygens vio a Titán desde La Haya, en 1655, lo llamó simplemente la «luna de Saturno». Jean-Dominique Cassini, que descubrió otras cuatro lunas saturninas entre 1672 y 1684, se contentó con asignarles un número. Y cuando sir William Herschel avistó las dos *siguientes*, en 1789, también aplicó designaciones numéricas. Pero el hijo de sir William, sir John Herschel, les puso nombres sacados de la mitología griega, empezando por «Titán», una antigua raza de gigantes, el más joven de los cuales era Saturno.[1]

En diciembre de 2004, a la hora prevista, *Cassini* liberó la sonda *Huygens* que había transportado durante su viaje de siete años desde Cabo Cañaveral y la impulsó hacia Titán. Durante las tres semanas siguientes, *Huygens*, todavía dormida, navegó obedientemente hacia su cita, mientras *Cassini* describía otra curva alrededor de Saturno y volvía a tiempo para la emoción planificada.

El 14 de enero de 2005, la alarma interna de *Huygens* alertó a sus sistemas para que se aprestaran a actuar en Titán. La sonda entró en la atmósfera con su escudo de calor por delante, desaceleró en la fricción del aire espeso y realizó en paracaídas un perfecto alunizaje. Tomó muestras de las nubes y la bruma durante las dos horas y media que duró el descenso y cuando estuvo lo bastante cerca de la superficie glacial de la luna (a unos 50 kilómetros, según

1. Los astrónomos posteriores imitaron a sir John hasta llegar a Pan, el satélite decimoctavo de Saturno, descubierto en 1990. Las doce lunas siguientes, incluidas Mundilfari e Ymir, recibieron nombres de contextos culturales más amplios. En cambio, otras nuevas, detectadas por *Cassini*, siguen teniendo designaciones preliminares, como «S/2005 SI».

calculó el radar instalado a bordo) la fotografió y transmitió sus datos a *Cassini*, que a su vez los envió a la Tierra.

En Titán, *Huygens* vio imágenes tan familiares como nubes que cambian de forma, tan extrañas como el paisaje nuevo de un mundo extraterrestre y demasiado insólitas para poder analizarlas.

El hecho de que *Huygens* sobreviviera al alunizaje y continuase transmitiendo pruebas de su salud robusta durante varias horas frustró la expectativa generalizada de que se hundiría en un mar de metano. Sin embargo, no deberíamos considerar que la gran extensión oscura donde *Huygens* se asentó, llamada hoy Xanadú, es el emplazamiento de una predicción fallida, sino más bien el punto de partida para otra nueva manera de imaginar el contenido del Sistema Solar, y también de otros sistemas solares.

Ojalá yo pudiera contarle al lector todo lo que sucedió después, cómo se interpretaron los datos enviados por la sonda Huygens, qué encontró *Cassini* al pasar por delante de uno u otro satélite de Saturno —Mimas, Encelado, Tetis, Dione, Rea, Jápeto— en el atareado itinerario de su exploración vigente. Pero ¿qué libro puede mantenerse al día de los sucesos actuales en un campo de estudio activo? Habré cumplido mi propósito si la lectura de estas páginas ha ayudado a alguien a hacerse amigo de los planetas y a considerar que son un emblema de siglos de cultura popular y la inspiración de un gran y altruista esfuerzo humano.

En cuanto a mí, confieso que ninguno de los datos realmente asombrosos que he tenido el privilegio de divulgar aquí ha modificado el atractivo fundamental que para mí tienen los planetas: son como una colección de habichuelas mágicas o joyas preciosas en un pequeño y maravilloso estuche personal, transportable, evocador y bellísimo.

Posdata sobre Plutón

En junio de 2006 fui el único miembro no científico elegido para formar parte del Comité de Definición de los Planetas de la Unión Astronómica Internacional (UAI). La palabra *planeta* había conservado su significado antiguo de 'errante' durante más de dos mil años, y los astrónomos necesitaban una definición científica que se adaptase a los nuevos descubrimientos en nuestro Sistema Solar, así como a los realizados en otros sistemas solares de la Vía Láctea.

Casi desde el descubrimiento de Plutón, la naturaleza excéntrica de aquel mundo había suscitado debates sobre si habría que llamarlo planeta, como describo en el capítulo 11: «Ovni». Pero, para el verano de 2005, un supuesto décimo planeta, bautizado con el nombre provisional de «Xena», mucho más lejano que Plutón y de la mitad de su tamaño, había llevado a un punto crítico la antigua cuestión. Durante más de un año, un comité compuesto enteramente por científicos planetarios se esforzó en llegar a una definición viable de *planeta*, pero como no consiguieron alcanzar un consenso, la UAI encargó a mi comité que definiera la palabra y estudiara la categoría de Plutón.

Éramos siete miembros, como los planetas de la antigüedad, y nos reunimos el 30 de junio y el 1 de julio en el histórico Observatorio de París, en dependencias que en otro tiempo habían sido establos de los caballos del rey. A lo largo de varios días, a partir de opiniones muy divergentes, alcanzamos un consenso unánime sobre una definición: un planeta era un cuerpo en órbita alrededor de una estrella, y con una masa suficiente como para que la gravedad le hubiese dado una forma redonda. Según esta definición, Plutón no solo seguía siendo un planeta, sino que su luna Caronte pasaba a serlo, al igual que el candidato «Xena». También incluimos a Ceres, el primer asteroide descubierto, porque recientemente el telescopio espacial Hubble había mostrado que era de forma redonda. Así pues, nuestro Sistema Solar redefinido contenía doce planetas y la posibilidad de que se descubrieran otros. Además, propusimos el nombre de una subcategoría especial, los «plutones», para Plutón, Caronte y Xena, que recorren sus órbitas inclinadas y alargadas en las orillas del Sistema Solar, y tardan más de dos siglos en circundar al Sol.

Nuestra definición suscitó un prolongado y emotivo debate en la Asamblea General de la UAI, celebrada en Praga a finales de agosto. Estas deliberaciones suprimieron la subcategoría de «plutón» y añadieron un tercer criterio a la definición de planeta, estipulando que el cuerpo tenía que dominar su órbita. Este aspecto de la resolución fue aprobado y los planetas volvieron a ser ocho. O bien, como tantos medios de comunicación clamaron: «¡Plutón ya no es un planeta!» Por el contrario, hay que considerarlo un *planeta enano*, un término que sin duda resulta confuso, puesto que los «planetas enanos» NO son planetas.

Veinticuatro horas después, camisetas vendidas por Internet refutaban «¡Plutón ES un planeta!», y pegatinas en los parachoques sugerían: «Toca la bocina si amas a Plutón». Enseguida plantearon una oposición más seria astrónomos planetarios que consideraban que sus ideas no habían estado representadas en el recuento definitivo de Praga. Casi trescientos científicos firmaron una petición divulgada en la Web en la que expresaban sus objeciones a la definición de la UAI, su negativa a acatarla e incluso sus dudas de que la UAI tuviese autoridad para imponer una definición semejante.

En otras palabras, el asunto de Plutón aún no está resuelto.

Mi temor más grande es que el contenido del debate oscurezca su auténtico propósito, a saber: la necesidad de que un lenguaje preciso describa un Sistema Solar mucho más vasto y complejo que el que me enamoró en mi infancia.

Esta misma semana, «Xena» ha recibido su nombre oficial, aprobado por la UAI: Eris, como la diosa de la guerra y los conflictos en la mitología griega, que fomentó los celos y la envidia para causar discordia entre los dioses y los hombres. Al menos, los astrónomos no han perdido el sentido del humor.

DAVA SOBEL,
septiembre de 2006

Agradecimientos

Gracias a todos los científicos y asesores que me brindaron tan generosos lapsos de su tiempo o su entusiasmo o las dos cosas: Diane Ackerman, Kaare Aksnes, Claudia Alexander, Mara Alper, Will Andrews, William Ashworth, Victoria Barnsley, Jim Bell, Bob Berman, Rick Binzel, Bruce Bradley, William Brewer, Joseph Burns, Donald Campbell, John Casani, Clark Chapman, K. C. Cole, Guy Consolmagno, Lynette Cook, Kathryn Court, Dave Crisp, Jeff Cuzzi, David Douglas, Frank Drake, Jim Elliot, Larry Esposito, Tony Fantozzi, Timothy Ferris, Jeffrey Frank, Lou Friedman, Maressa Gershowitz, George Gibson, Owen Gingerich, Tommy Gold (fallecido en 2004), Dan Goldin, Peter Goldreich, Donald Goldsmith, David Grinspoon, Heidi Hammel, Fred Hess, Susan Hobson, Ludger Ikas, Torrence Johnson, Isaac y Zoe Klein, E. C. Krupp, Nathania y Orin Kurtz, Barbara Lebkeucher, Sanjay Limaye, Jack Lissauer, Rosaly Lopez, M. G. Lord, Stephen Matan, Melissa McGrath, Ellis Miner, Philip Morrison (muerto en 2005), Michael Mamma, Bruce Murray, Keith Noll, Doug Offenhartz, Donald Olson, Jay Pasachoff, Nicholas Pearson, Elaine Peterson, David Pieri, Carolyn Porco, Christopher Potter, Byron Preiss, Pilar Queen, Kate Rubin, Vera Rubin, Carl Sagan (muerto en 1996), Lydia Salant, Carolyn Sebert, Steven Soter, Steve Squyres, Rob Staehle, Alan Stern, Dick Teresi, Rich Terrile, Peter Thomas, John Trauger, Scott Tremaine, Alfonso Triggiani, Neil deGrasse Tyson, Joseph Veverka, Alexis Washam, Stacy Weinstein, Joy Wulke, Paolo Zaninoni y Wendy Zomparelli.

Dos personas defendieron en especial este proyecto y lo condujeron hasta su forma actual: Michael Carlisle, de InkWell Management, mi maravilloso agente, al querer conocer la diferencia entre el Sistema Solar y la Vía Láctea, y asimismo entre la galaxia y el universo, y Jane von Mehren, exredactora jefe y editora asociada de Penguin Books, que abordó mi manuscrito con docenas de preguntas astutas y centenares de sugerencias útiles, todas ellas formuladas con paciencia y lucidez. Michael y Jane no se habrían considerado «exploradores planetarios» al principio, pero ahora que hemos hecho este viaje juntos, los dos contemplan el cielo nocturno mucho más que antes.

Glosario

Aerógrafo: el que hace mapas de Marte (Ares).

Apogeo: la mayor distancia de la Tierra que alcanza la Luna en su órbita mensual o cualquier satélite artificial que orbite nuestro planeta.

Asteroide: un planeta menor, por lo general pequeño y rocoso; alrededor de unos cien mil dan la vuelta al Sol en el amplio espacio que separa a Marte y Júpiter.

Cabellera: la borrosa envoltura que rodea al núcleo de un cometa.

Caliche: polvo endurecido libremente que se ve en la superficie de Marte y que se cree formado por la deposición y la evaporación de agua y dióxido de carbono.

Campo magnético: la región alrededor de un imán, a través de la cual este afecta a partículas cargadas o a otros imanes. Muchos planetas, como por ejemplo Júpiter y la Tierra, actúan como imanes gigantescos y generan sus propios campos magnéticos.

Cartela: en cartografía, un emblema decorativo que contiene texto, como por ejemplo el título de un mapa o su escala, y que a menudo incluye símbolos de la región representada.

Cinturón de Kuiper: una región en forma de dónut, más allá de la órbita de Neptuno, llamada así en honor de

Gerard Kuiper, que contiene cientos de miles de planetoides helados. Algunos de estos objetos, cuando la gravedad o colisiones los desvían hacia órbitas que los acercan al Sol, se convierten en los cometas que vuelven conforme a pautas de recurrencia periódicas.

Cometa: pequeño cuerpo helado que traza alrededor del Sol una órbita muy elíptica, y que al acercarse al astro solar cambia de aspecto y emite chorros de gas y polvo.

Coronas: conjuntos de anillos concéntricos que rodean a accidentes geográficos tales como cúpulas y depresiones, exclusivas de Venus, y que se encuentran donde la superficie de la corteza es más fina.

Eclipse: la desaparición parcial o total de un cuerpo celeste detrás de otro o de la sombra de otro. (En un eclipse solar, la Luna tapa la visión del Sol; en un eclipse lunar, la sombra de la Tierra cubre la Luna.)

Efemérides: una tabla publicada de predicciones sobre las posiciones de los cuerpos celestes, en especial las de los planetas y cometas.

Elongación: el tiempo más favorable para ver Mercurio o Venus, los planetas interiores a la Tierra, cuando alcanzan su máxima distancia aparente al este o al oeste del Sol. La elongación máxima posible de Mercurio es de 28 grados, y la de Venus 47.

Estrella: una bola de gas, principalmente hidrógeno y helio, con una masa suficiente para generar la fusión termonuclear en su núcleo y brillar con la propia luz que emite.

Excentricidad: el grado en el cual la órbita de un cuerpo se desvía de un círculo. (La órbita de Plutón es muy excéntrica: una elipse exagerada, mientras que las órbitas de Venus y Neptuno parecen prácticamente circulares.)

Extremófilo: cualquier habitante de un medio ambiente extremo que sería tóxico o inapropiado para todas las formas de vida que no se hubiesen adaptado convenientemente.

Galaxia: un conjunto de miles de millones de estrellas, todas con su campo gravitatorio, como la Vía Láctea, la galaxia que acoge al Sistema Solar.

Ígneo: un término que se aplica a las rocas formadas por magma o lava fundidas en otro tiempo.

Luna: el satélite natural de la Tierra y, por extensión, un cuerpo en órbita alrededor de cualquier planeta o asteroide.

Magnetosfera: la burbuja invisible del campo magnético de un planeta, que define los límites de la esfera de influencia de ese campo.

Magnitud: el brillo de un cuerpo celeste, expresado en forma de número; la magnitud *aparente* (el brillo relativo del cuerpo tal como se ve desde la Tierra) puede ser notablemente distinta de su magnitud *absoluta* o brillo intrínseco.

Magnitud aparente: el brillo de un cuerpo celeste tal como se ve desde la posición estratégica de la Tierra y que se expresa mediante un número; cuanto más bajo es el número, más brillante es el objeto. (El Sol, con una magnitud aparente de –27, es el objeto más luminoso en el cielo de la Tierra, aunque si lo juzgáramos según su magnitud *intrínseca*, o magnitud absoluta, palidecería comparado con estrellas más grandes).

Manto: la sustancia media de un planeta que rellena el espacio entre la corteza de la superficie y el núcleo de un mundo terrestre, o la atmósfera superior y el centro sólido de uno gaseoso.

Metano: también conocido como gas de los pantanos, es el compuesto más simple de hidrógeno y carbono.

Meteorito: un fragmento de meteoroide que ha aterrizado.

Meteoro: una «estrella fugaz» o que cae, es decir, la luz de una roca espacial o un poco de polvo de un cometa que desciende a través de la atmósfera terrestre y se pone incandescente por el calor de la fricción.

Meteoroide: una roca espacial o un pedazo de un planeta a la deriva en el espacio.

Nebulosa: un objeto celeste de apariencia borrosa, como el disco en el que nace una estrella.

Nube de Oort: una región esférica del Sistema Solar externo, más allá del Cinturón de Kuiper, y denominada así por el astrónomo holandés Jan Oort (1900-1992). Los cometas de la nube de Oort trazan órbitas de una duración larguísima y pueden abandonar el Sistema Solar después de un giro completo alrededor del Sol.

Perigeo: la parte de la órbita lunar (o de un satélite artificial) que más la acerca a la Tierra, punto en el cual viaja más rápido.

Perihelio: el punto en que un planeta o un cometa (o una nave espacial en órbita alrededor del Sol) se halla más cerca del Sol y, por consiguiente, el momento de su máxima velocidad orbital.

Planeta: un cuerpo celeste, del que, por lo general, pero no necesariamente, se espera que supere los 1.600 kilómetros de diámetro, y que gira alrededor de una estrella.

Planetésimo: un fragmento de materia más pequeño que un planeta y que puede unirse con otros fragmentos para convertirse en un planeta o una luna.

Radiación electromagnética: luz en todas sus formas, que van desde rayos gamma de alta energía y rayos X hasta microondas y ondas de radio, pasando por la radiación ultravioleta, las luces visibles y los infrarrojos.

Regolito: restos polvorientos y rocosos que cubren la superficie de un planeta o satélite terrestres, similar a su suelo, pero desprovisto de componentes de vida.

Satélite: un satélite natural es una luna; un satélite artificial es una nave espacial en órbita alrededor de un planeta.

Sicigia: la alineación completa de cuerpos celestes, tales como el Sol, la Luna y la Tierra durante un eclipse, o del Sol, Venus y la Tierra durante un tránsito de Venus.

Solsticio: cualquiera de los dos días del año (en junio y en diciembre) en que el Sol alcanza su distancia máxima por encima o por debajo del Ecuador, lo que produce el día más largo o el más corto.

Teselas: áreas sumamente deformadas y con marcas de fallas que, después de las llanuras volcánicas, constituyen la segunda forma más común del terreno de Venus. La palabra viene de «embaldosado» en ruso.

Tránsito: el paso de un cuerpo celestial por delante de otro, como cuando se ve a Mercurio o a Venus atravesando de una parte a otra el disco del Sol. También puede observarse el tránsito de los satélites de Júpiter y Saturno a través de estos planetas.

Velocidad de escape: la velocidad que un cohete (o cualquier objeto) tiene que alcanzar para liberarse de la atracción de la gravedad en la superficie de un planeta y elevarse hacia el espacio.

Zodíaco: el círculo de las doce constelaciones por las cuales parece que el Sol pasa cuando la Tierra realiza su viaje anual. Estas constelaciones corresponden a los signos astrológicos del zodíaco: Aries, Tauro, Géminis, Cáncer, Leo, Virgo, Libra, Escorpión, Sagitario, Capricornio, Acuario y Piscis.

Zona Roche: la región cercana a un planeta donde las fuerzas de las mareas impiden la conversión de planetésimos en satélites; llamada así por el matemático francés Édouard Roche (1820-1883), que fue el primero en describirla.

Curiosidades

Maquetas de mundos (visión general)

Pueden visitarse maquetas del Sistema Solar lo bastante grandes para recorrerlas a pie o en coche en Aroostook County, Maine; Boston, Massachusetts; Boulder, Colorado; Flagstaff, Arizona; Ithaca, Nueva York; Peoria, Illinois; Washington, D. C.; Estocolmo, Suecia; York, Inglaterra, y los Alpes, cerca de St. Luc, Suiza.

La nave espacial soviética *Venera 4* estudió por primera vez la atmósfera venusiana en 1967; *Venera 7* aterrizó en Venus en 1970, y *Venera 8* en 1972. En noviembre de 1971, la *Mariner 9* norteamericana fue la primera en entrar en la órbita de Marte: la primera nave que orbitó a un planeta más allá del sistema Tierra-Luna. La *Marte 3* soviética llegó el mes siguiente, pero solo sobrevivió veinte segundos posada en la superficie marciana.

Michel Mayor y Didier Queloz, del Observatorio de Ginebra, fueron los primeros descubridores de un exoplaneta y anunciaron sus hallazgos sobre 51 Pegasi en octubre de 1995. Dos norteamericanos —Geoffrey W. Marcy, de la Universidad de Berkeley, California, y R. Paul Butler, actualmente en la Carnegie Institution de Washington, D. C.— confirmaron enseguida las teorías de los suizos y continuaron identificando otros planetas extrasolares.

Génesis (el Sol)

El extraordinario fenómeno de la fusión del hidrógeno exige el calor y la presión formidables que se encuentran en el interior de las estrellas. En la Tierra, en circunstancias normales, dos núcleos de hidrógeno nunca se unirían con otro porque los dos tienen carga positiva, y la fuerza electromagnética que hace que dos partículas de carga positiva se repelan es más fuerte que la gravedad. Dentro del Sol, por el contrario, la alta temperatura las impulsa a unirse con tanta fuerza y tan rápido que colisionan a pesar de la repulsión electromagnética. Y una vez que están muy juntas, sucumben a una tercera fuerza que las une, llamada la «fuerza intensa» porque es la más fuerte que se conoce en la naturaleza. El gran poder de la fuerza intensa, sin embargo, opera solo sobre las distancias más minúsculas, como el tamaño de un núcleo atómico.

En un solo segundo dentro de su núcleo, el Sol convierte 700 millones de toneladas de hidrógeno en 695 millones de toneladas de helio. Los cinco millones de toneladas de diferencia entre la entrada y el resultado se transforman en la energía de la luz. Es una gran cantidad de energía, de acuerdo con la fórmula que describe la energía (E) como el equivalente (=) de una masa determinada (m), o cinco millones de toneladas en este caso, multiplicado por la velocidad de la luz (c) al cuadrado (^{2}). Puesto que la velocidad de la luz es, de entrada, un número muy alto (300.000 kilómetros por segundo), su cuadrado —que se obtiene multiplicándolo por sí mismo— arroja una cifra realmente astronómica (90.000.000.000), lo que indica la potencia formidable que encierra hasta la más diminuta cantidad de materia.

El helio, el segundo elemento (después del hidrógeno) que más abunda en el Sol y en todo el universo, solo representa el 10 por ciento de la estructura solar. Todos los demás elementos detectables mediante el análisis de la luz del Sol —carbono, nitrógeno, oxígeno, neón, magnesio, silicio, azufre y hierro, en conjunto— suman solamente el 2 por ciento de la masa solar.

Durante períodos de alta actividad solar, los conglomerados de manchas oscuras en su superficie disminuyen su radiación en unas pocas y mensurables décimas porcentuales, pero en general el sol es una fuente constante de luz regular.

La Luna, en su apogeo (la máxima distancia de la Tierra), no cubre completamente el Sol, pero, en cambio, produce un eclipse «anular» en que el Sol aparece como un anillo brillante alrededor de la Luna y la corona puede no ser visible.

Aunque se puede mirar al Sol sin peligro durante un eclipse total, contemplar las fases del eclipse parcial que precede y sucede al total requiere protección ocular.

Mitología (Mercurio)

Procrustes alcanzó notoriedad cortando las piernas de sus huéspedes altos y estirando a los bajos en un potro para que ocuparan todo el espacio de la cama, y de este modo prestó su nombre a una adaptación impuesta de una forma violenta o arbitraria.

Mercurio, que traza una órbita elíptica, alcanza su velocidad máxima de 56 kilómetros por segundo en el perihelio, cuando entra en un radio de 46 millones de kilómetros de distancia del Sol y reduce su marcha a 38 kilómetros por segundo en el extremo orbital opuesto, o afelio, donde la distancia entre Mercurio y el Sol supera los 69 millones de kilómetros.

La primera de las diversas menciones de «la aurora de dedos rosados», como Homero llama al rojizo cielo matutino, aparece en el Libro I de la *Ilíada*, línea 477.

En un siglo se producen aproximadamente trece tránsitos de Mercurio. Aunque el planeta pasa entre la Tierra y el Sol unas cuatro veces al año, lo más frecuente es que viaje por encima y por debajo del Sol, posiciones en que no se ven los tránsitos.

El período de giro de Mercurio es exactamente dos tercios de su período orbital, y «empareja» los dos intervalos de tiempo en una relación de 3:2, o tres rotaciones por cada dos órbitas. (El descubrimiento del índice de rotación real se efectuó mediante señales de radar recibidas por el Observatorio Arecibo de Puerto Rico desde la superficie de Mercurio.) Casi todos los demás cuerpos sometidos a la influencia de mareas en el Sistema Solar muestran una resonancia giro-órbita de 2:1. La excepción más notable es la Luna, que completa una rotación por revolución alrededor de la Tierra y da una resonancia de 1:1.

Belleza (Venus)

William Blake escribió su oda a Venus en 1789, mucho antes del descubrimiento de los vientos del oeste del planeta. La mención que hace el poeta de «tu viento del oeste» se refiere a las brisas vespertinas que coinciden con la aparición de Venus.

El expresidente Jimmy Carter, cuando era gobernador de Georgia, denunció a Venus ante la policía del estado. Durante la Segunda Guerra Mundial, una escuadrilla de pilotos de B-29 confundió el planeta con un avión japonés y trató de derribarlo.

Donald W. Olson y Russell Doescher, de la Southwest Texas State University de San Marcos, en mayo de 2000 se llevaron a Francia a los mejores alumnos de su clase de Astronomía y lograron identificar el edificio que aparece en *Casablanca de noche* mediante programas de planetario que recreaban el cielo sobre Francia en el verano de 1890, lecturas de cartas que Van Gogh escribió durante sus últimas semanas de vida y consultas de boletines meteorológicos archivados.

La duración de un día solar en Venus, medido desde un mediodía hasta el siguiente, son 117 días de la Tierra, con lo que los períodos de luz y oscuridad duran casi 59 días de la Tierra cada uno. El día sideral, o el tiempo que tarda el planeta en rotar con respecto a las estrellas del fondo, es 243 días terrestres, más largo que el año orbital venusiano de 225 días terrestres. En la Tierra, al igual que en Venus, la duración del día solar difiere de la del día sideral; en el caso de la Tierra, el día solar es unos cuatro minutos más largo que el sideral.

Un ciclo venusiano completo —desde la aparición de la estrella de la mañana a su desaparición detrás del Sol, pasando por la aparición y desaparición de la estrella vespertina delante del Sol— dura 584 días. Este período de tiempo constituyó los cimientos del calendario maya. Como Venus orbita ocho veces al Sol en cinco años de la Tierra, y en ese transcurso pasa cinco veces entre la Tierra y el Sol, hay cinco pautas claras venusianas de 584 días en el cielo de la Tierra. Los mayas tenían un nombre para cada una.

Desde 1919, la Unión Astronómica Internacional ejerce la autoridad de la nomenclatura planetaria. Aunque los descubridores pueden proponer nombres para satélites nuevos u otros cuerpos celestes, tienen que aprobarlos grupos de trabajo y refrendarlos en última instancia la asamblea general de la UAI, que se celebra cada tres años.

Geografía (Tierra)

Aun antes de Tolomeo, los cartógrafos aplicaron conceptos de latitud y longitud a la esfera celeste y al globo terráqueo. Después de haber introducido Tolomeo un sistema coordinado uniforme, expresado en grados, la capacidad de *determinar* la longitud no llegó hasta finales del siglo XVII y siguió siendo un problema en el mar durante otros cien años.

La *Geografía* de Tolomeo sobrevivió en manuscritos copiados por escribas. El más antiguo que se conserva data del siglo XIII.

En 1828, en la *Historia de la vida y viajes de Cristóbal Colón*, el escritor norteamericano Washington Irving popularizó la imagen romántica de Colón luchando por demostrar la redondez del mundo. Sin embargo, el conocimiento medieval de la forma del mundo está bien documentado en textos como *De sphaera mundi* de Sacrobosco, del siglo XIII, y en el globo terráqueo que Martin Behaim concluyó antes de que Colón abandonara España. Los antiguos habrían podido deducir la redondez del planeta de las estrellas visibles en latitudes diferentes o de la forma curva de la sombra de la Tierra en la Luna durante un eclipse lunar.

El análisis que hizo Américo Vespucio de los cálculos enfrentados de portugueses y españoles le ayudó a calcular que la circunferencia de la Tierra era de 27.000 millas romanas, tan solo cincuenta millas modernas menos de la cifra aceptada hoy.

El suministro de agua en la Tierra constituye solo una décima parte del 1 por ciento de la masa del planeta, mientras que lunas exteriores del Sistema Solar, como Ganimedes, Calisto y Titán, se componen de un 50 por ciento de agua, la mayor parte congelada.

Después del tránsito siguiente de Venus, previsto para el 6 de junio de 2012, no habrá otro par hasta el 11 de diciembre de 2117 y el 8 de diciembre de 2125. Los tránsitos se producen en junio y diciembre porque la Tierra cruza en esos meses el plano de la órbita de Venus.

Lunerías (la Luna)

Se cree generalmente que una «luna azul»[1] es la segunda luna llena de un mes de calendario, pero más correctamente (según el *Maine Farmers' Almanac*, que definió el término) es el tercer plenilunio en una estación que contiene cuatro. El *Almanac* mide las estaciones según el año tropical, que comienza el día del solsticio de invierno o «Navidad» (el 22 de diciembre). Una auténtica luna azul, sin embargo, solo puede acontecer en los meses de febrero, mayo, agosto y noviembre.

Bajo un plenilunio, un paisaje en blanco y negro puede revelar el verdor de la hierba, porque la retina humana es especialmente sensible a las longitudes de onda amarillo-verdosas (la luz más fuerte que emite el Sol).

1. Expresión inglesa que quiere decir algo que sucede de Pascuas a Ramos, de uvas a peras, en muy raras ocasiones. Véase nota de la página 90. *(N. del T.)*

Giovanni Riccioli (1598-1671), sacerdote jesuita, estableció el sistema de nomenclatura lunar todavía hoy vigente. Él y otras selenografías (cartógrafos de la Luna) pusieron a las montañas nombres de cadenas terrestres, como los Alpes, los Apeninos, el Cáucaso y los Cárpatos. El nombre de grandes filósofos de las ciencias naturales, desde Platón y Aristóteles hasta Tycho, Copérnico, Kepler y Galileo, honra los cráteres de la cara cercana de la Luna. Los nombres rusos corresponden a la cara lejana, que fue avistada por primera vez en octubre de 1959 por la nave espacial soviética no tripulada *Luna 3*.

El ritmo de rotación lunar es el mismo que el de su revolución —27,3 días—, pero para cuando la Luna circunda la Tierra hasta alcanzar el punto de partida, frente a las estrellas, la Tierra también se ha movido. Así pues, la Luna necesita 29,5 días para completar una revolución terrestre y atravesar todas sus fases, desde la llena a la siguiente.

Ciencia ficción (Marte)

La especialista en meteoritos Roberta Score, del Programa Antártico de Estados Unidos, con sede en Denver, descubrió la roca marciana llamada ALH84001 el 27 de diciembre de 1984. Los científicos han encontrado meteoritos en la Antártida desde 1969. El análisis del ALH84001 comenzó a mediados del verano de 1988, y las pruebas que demostraron su origen marciano concluyeron en el otoño de 1993.

En 1957-1958, el profesor R. S. Alian, de la Universidad de Canterbury, Nueva Zelanda, bautizó y cartografió las colinas cercanas a los glaciares Mawson y Mackay, donde la roca fue descubierta.

La denominada «cara de Marte», un rasgo topográfico que muchos sostienen que se asemeja a un rostro humano, apareció en las fotos enviadas por el *Viking* a partir de 1976. Varios medios de comunicación divulgaron la sugerencia de que la cara era un artefacto alienígena, hasta que las imágenes posteriormente obtenidas por el *Mars Global Surveyor* destruyeron la ilusión.

En 1877, Giovanni Schiaparelli descubrió en Marte lo que él llamó *canali*, ocho años después de terminadas las obras del Canal de Suez. Schiaparelli, que era ingeniero hidráulico, pensó que las líneas rectas eran tan producto de la inteligencia artificial como el Canal de la Mancha, pero más tarde cambió de opinión. Cuando Schiaparelli perdió la vista, Percival Lowell asumió las observaciones —y las interpretaciones— de los canales.

Johannes Kepler fue el primero que en 1610 imaginó dos lunas marcianas, pero no se avistaron hasta agosto de 1877, cuando Asaph Hall, que trabajaba en el Observatorio Naval de Washington D. C., las descubrió orbitando tan cerca del planeta que casi se perdían en su fulgor. Les puso el nombre de dos personajes de la mitología griega, Pobos y Deimos, a los que Homero describe de diversas maneras como hijos del dios de la guerra, Ares, o miembros de su séquito... o los caballos que tiraban de su carro.

Astrología (Júpiter)

En el volumen XIX de sus obras completas se reproducen dos horóscopos de nacimiento confeccionados para (y probablemente por) Galileo. Astrólogo experto, no habría clasificado a individuos por su signo solar, ya que esta práctica surgió en el siglo xx. Los elementos definitorios en la astrología del tiempo de Galileo eran los *horoscopus* (signo ascendente), el semiciclo, los *immum coeli* (opuesto al semiciclo) y el signo descendente en el horizonte occidental de la carta.

Mi interpretación de la carta de Galileo se basa en una lectura hecha por la astróloga Elaine Peterson, el 14 de agosto de 2003, y complementada con listas del *Complete Astrological Handbook* (véase Bibliografía).

La cita de Galileo sobre el «destino» procede de su obra *El mensajero de los astros*, en la que describió sus descubrimientos telescópicos. Los comentarios dirigidos a Cosme provienen de la introducción dedicatoria del mismo libro. La referencia que Galileo hace a las lunas como «estrellas» es la terminología propia de su época, en que la «estrella de Júpiter» se consideraba una «estrella errante» rara entre las más numerosas «estrellas fijas» de los cielos más amplios.

Tras la identificación por Galileo, en enero de 1610, de cuatro lunas de Júpiter, no se descubrieron más hasta 1892, en que Edward Barnard, del Observatorio Lick de California, detectó a Amaltea. Otras doce aparecieron en el siglo XX, cuatro de las cuales descubiertas por el *Voyager* 2. Para bautizar a estos satélites, y a otros cuarenta y tres recientemente localizados por astrónomos de la Universidad de Hawái, se siguen eligiendo nombres de personajes íntimamente relacionados con Júpiter.

Henry Cavendish descubrió el hidrógeno en 1766. Su forma metálica, vaticinada por primera vez en el decenio de 1930, se creó en el Laboratorio Nacional Lawrence Livermore de California en 1996, sometiendo una fina película de hidrógeno líquido a una presión de dos millones de atmósferas.

Los sumerios de Mesopotamia registraron observaciones estelares ya en el siglo XVIII a. C. Aún se utilizan varios de los nombres que pusieron a las constelaciones, como Leo y Tauro. El zodíaco occidental ya completo data de mediados del siglo v a. C.

Aunque Europa, el satélite de Júpiter, brinda la esperanza de otra morada habitable dentro del Sistema Solar, los científicos están casi seguros de que el planeta Júpiter carece de vida. La investigación de la *Galileo* no encontró moléculas orgánicas complejas en la atmósfera.

Música de las esferas (Saturno)

El Saturno de la mitología griega, llamado Cronos, devoró a sus hijos por miedo a que ellos le mataran como él había matado a su propio padre, Urano, para arrancarle el control de los cielos. El niño Zeus (Júpiter), que se libró de que le devorase, destronó más tarde a Cronos.

Los llamados anillos clásicos de Saturno —A, B y C— se extienden a una distancia de unos 136.000 kilómetros del centro del planeta, o 273.000 kilómetros desde una punta a la otra. Estos anillos se ven a través de un pequeño telescopio y representan las imágenes conocidas de Saturno. El estrecho y retorcido anillo F, inmediatamente exterior al A, se extiende unos 3.200 kilómetros más allá del perímetro del anillo A, y su núcleo solo tiene unos 50 kilómetros de anchura. El lejano y diáfano anillo E, que comienza a un poco más de 160.000 kilómetros del centro del planeta, tiene casi 320.000 kilómetros de anchura, y su arco de 965.000 kilómetros mide más del doble de la distancia de la Tierra a la Luna. Abarca la órbita de la luna Enceladus, y se compone de restos helados que desprende la estela del reluciente satélite.

Los anillos D y E fueron descubiertos por telescopios desde la Tierra en 1966 y 1970, respectivamente. (En realidad, descubrieron antes E, pero los astrónomos cuestionaron su existencia durante años; D, por el contrario, fue acogido de inmediato.) El *Pioneer 11* descubrió el tortuoso anillo F en 1979 y el *Voyager 1* el G en 1980.

El límite Roche se aplica a los objetos que la gravedad mantiene unidos. La nave espacial *Cassini* puede hundirse sin riesgo en la zona Roche de Saturno porque sus piezas están unidas por tuercas, tornillos y la cohesión cristalina de sus moléculas metálicas.

El primero que propuso, en 1866, el concepto de *órbitas resonantes*, tales como la relación de 2:1 entre la División de Cassini y la luna Mimas, fue Daniel Kirkwood, un astrónomo norteamericano que utilizó la resonancia para explicar las lagunas en la distribución de órbitas en el cinturón de asteroides.

El cálculo original de los períodos de rotación de los planetas gigantes se hizo cronometrando la reaparición de tormentas distintivas. Ahora los determina el ritmo de rotación de la magnetosfera de cada planeta, tal como lo midió el *Voyager 2*. Puesto que el campo magnético de un planeta surge de su interior profundo, los científicos suponen que los dos giran juntos a la misma velocidad.

Aire nocturno (Urano y Neptuno)

La cita inicial está tomada de una de las conferencias de Maria Mitchell, publicada de forma póstuma por su hermana Phebe Mitchell Kendall.

Para este capítulo, imaginé que Maria Mitchell escribió sobre su hallazgo de 1847 a la otra única mujer en el mundo que había descubierto un cometa, Caroline Herschel (1750-1848). Al componer la contestación de la señorita

Herschel, «fabulé» solo la forma, no los hechos. Herschel era la ayudante de su hermano cuando este descubrió Urano. En la época en que se descubrió Neptuno seguía activa e intelectualmente ocupada, a pesar de sus noventa y seis años, y recibió la noticia del nuevo planeta del explorador Alexander (barón von) Humboldt. La correspondencia de Herschel la puso en contacto con las figuras más destacadas de aquella era magnífica en la historia de la astronomía, y conoció a muchas de ellas en persona, entre otras al rey Jorge III, a la familia real y a tres de sus astrónomos reales, así como a Giuseppe Piazzi (descubridor del primer asteroide), Carl Friedrich Gauss y Johann Encke.

El descubrimiento en el otoño de 1847 del cometa Mitchell precedió en tres meses a la muerte de Caroline Herschel. Maria Mitchell trabajaba entonces de bibliotecaria en la isla de Nantucket y vivía con su familia en un apartamento encima del banco del que su padre era presidente. William Mitchell, un serio astrónomo aficionado, había construido un observatorio en el tejado del banco y pasaba allí mucho tiempo. En reconocimiento de su hallazgo, la señorita Mitchell recibió una medalla de oro del rey de Dinamarca y un premio de 100 dólares de la Institución Smithsonian, y fue elegida miembro honorario de la Academia de Artes y Ciencias. Más tarde se convirtió en la primera profesora de Astronomía del Vassar College y dirigió expediciones de estudiantes a dos eclipses solares totales. En el viaje que hizo a Europa en 1857-1858, durante su estancia en casa de sir John y Margaret Herschel, le obsequiaron una página de uno de los cuadernos donde «tía Caroline» solía anotar las observaciones de sir William.

Las notas biográficas a pie de página que dan las fechas de vida de los astrónomos respaldan, en efecto, la receta de «aire nocturno» que recomienda Mitchell para alcanzar la longevidad.

Caroline Herschel dice en su *Memoir* que siempre que sir William pulía el espejo de un telescopio, «con el fin de mantenerle vivo yo estaba continuamente obligada a alimentarle metiéndole pedazos de comida en la boca». No le importaban estas tareas: «Cuando consideraba que a veces hacía falta echar una mano porque había que tomar unas medidas especiales con un micrómetro de lámpara, o mantener encendido un fuego, o era necesario preparar café para una larga noche de observación, yo emprendía con placer lo que a otros quizás les hubiera parecido penoso». Sus trabajos a veces resultaban arduos: «El espejo había que vaciarlo en un molde de arcilla preparado con boñiga de caballo, una inmensa cantidad que había que machacar en un mortero y cribar con un cedazo fino. Era un trabajo interminable y me servía para hacer muchas horas de ejercicio».

Las primeras cinco lunas conocidas de Urano son las Oberón y Titania de sir William, las ligeramente más tenues Ariel y Umbriel, avistadas por primera vez en 1851 desde Liverpool por William Lassell, y Miranda, la más próxima a Urano, así como la más brillante y la más pequeña, descubierta en 1948 por Gerard Kuiper, y llamada por él como la heroína de *La tempestad.*

Sir John Herschel debió de haber estado pensando en duendecillos y sílfides de la literatura inglesa cuando bautizó a las cuatro primeras lunas de Urano, pues Umbriel (al igual que la posterior Belinda) pertenece al poema «El rizo robado», de Alexander Pope. Después Kuiper añadió Miranda. Shakespeare dominó las opciones posteriores. Cinco lunas, localizadas desde 1997 con el telescopio Hale de California, recibieron el nombre del padre de Miranda,

Próspero, y de los personajes de *La tempestad*, Caliban, Estéfano, Sycorax y Setebos.

Los interiores planetarios de Urano y Neptuno evocan el «hielo caliente y la maravillosa, extraña nieve» en *Sueño de una noche de verano* (V, i):

> Una tediosa y breve escena del joven Píramo
> y su amada Tisbe: muy trágica alegría.
> ¡Trágica alegría! ¡Tediosa y breve!
> Esto es, hielo caliente y maravillosa, extraña nieve.
> ¿Cómo hallaremos la concordia de esta discordancia?

Tras el descubrimiento en 1977 de los anillos de Urano por James Elliot, del MIT, y sus colegas a bordo del Observatorio Aeronáutico Kuiper, el *Voyager 1* vio pruebas de la existencia de débiles anillos en Júpiter, en marzo de 1979. Su nave espacial gemela, el *Voyager 2*, confirmó el descubrimiento tres meses después.

Los anillos de Neptuno llevan los nombres de Adams, Leverrier, Galle, Lassell y Francois Arago (el destacado astrónomo francés que instó a Leverrier a estudiar Urano), pero no hay ninguno que se llame Airy.

Ovni (Plutón)

El movimiento de un cuerpo celeste contra el fondo de las estrellas fijas revela que es algún tipo de objeto errante, bien un planeta, un cometa o un asteroide. El cambio de posición diario, tal como figura anotado en registros escritos o plasmado en una secuencia de placas fotográficas, es un efecto de paralaje creado por el movimiento de la Tierra. Tombaugh estudió sus placas fotográficas con un comparador de destellos: un instrumento que automáticamente destellaba de un lado para otro entre vistas de la misma región del espacio ampliadas y tomadas en momentos diferentes.

El Observatorio Lowell pospuso el anuncio de la detección del planeta X hasta el 13 de marzo de 1930, para que coincidiera con lo que habría sido el 75 cumpleaños de Percival Lowell, así como el 149 aniversario del descubrimiento de Urano. La señora Lowell, de soltera Constance Savage Keith, eligió el nombre «Zeus» para el nuevo planeta; luego cambió de opinión y lo llamó «Percival» y por último «Constance», pero el personal del observatorio prefirió el nombre propuesto por una niña de once años, Venetia Burney, de Oxford, Inglaterra, que se lo comunicó por telegrama. «Plutón» no solo encajaba en el plan mitológico de los nombres planetarios (y había figurado en las principales opciones barajadas por el personal, incluso antes de que llegase el telegrama), sino que también conmemoraba las iniciales del fundador, «P. L.».

Contando la distancia entre la Tierra y el Sol como una unidad astronómica (UA), Júpiter está situado a 5 UA y Neptuno a 30, mientras que Plutón y más de otros cien miembros del Cinturón de Kuiper viajan entre 30 y 50 UA. La inclinación de 17 grados de la órbita de Plutón lo sitúa por turnos en 8 UA por encima del plano del Sistema Solar y 13 UA por debajo. La distancia real entre Plutón y Neptuno sigue siendo, como mínimo, 17 UA en todo momento, debido a la resonancia estable de sus órbitas respectivas.

James W. Christy y Robert S. Harrington, del Observatorio Naval de Washington D. C., dedujeron la presencia de Caronte de imágenes de Plutón tomadas en Flagstaff, Arizona, a solo una corta distancia de Mars Hill. Christy dio a la luna el nombre de su mujer, Char (abreviatura de

Charlene), y también el del barquero Caronte,[2] que transportaba las almas de los muertos a través de la laguna Estigia hasta la puerta del infierno de Plutón.

David Jewitt (del Instituto de Astronomía de Hawái) y Jane Luu (Universidad de Leiden), trabajando juntos en Mauna Kea con el telescopio de la Universidad de Hawái, descubrieron el primer Objeto del Cinturón de Kuiper, al que llamaron «Smiley» en honor del espía en las novelas de John Le Carré, aunque su nombre oficial sigue siendo 1992 QB1. Quaoar, Varuna e Ixión han sido descubiertos desde Monte Palomar, California, por el equipo de Mike Brown (Caltech), Chad Trujillo (Observatorio Gemini) y David Rabinowitz (Yale), que, de acuerdo con las directrices de la Unión Astronómica Internacional, han escogido sus nombres para el OCK (Objeto del Cinturón de Kuiper) entre el catálogo mundial de divinidades del averno.

Gerard Kuiper basó su predicción sobre lo que hoy se denomina el Cinturón de Kuiper en los movimientos de cometas de período corto, tales como el cometa Halley y el cometa Encke. Las órbitas calculadas de estos cuerpos sugerían que tenían su origen en la región del Cinturón de Kuiper y regresaban a ella cada vez que se perdían de vista. En 1950, el mismo año en que Kuiper publicó esta idea, el astrónomo holandés Jan Oort esgrimió un argumento similar para predecir otro y más lejano depósito de cometas a 50.000 UA. Mientras que el Cinturón de Kuiper tiene forma de dónut, la «nube de Oort» forma una concha esférica. Las órbitas de los cometas de período corto del Cinturón de Kuiper rara vez se inclinan más de 20 grados del plano de la eclíptica. Por otra parte, los cometas de período

2. *Charon* en inglés. *(N. del T.)*

largo de la nube de Oort pueden recorrer vías de cualquier inclinación, incluso perpendiculares a la eclíptica.

En la época de Lowell, el Observatorio de Mars Hill poseía una vaca llamada Venus. Tras el descubrimiento del noveno planeta, Walt Disney se apoderó del nombre Pluto para el perro de historieta cómica que presentó en 1936. Es comprensible que Clyde Tombaugh escogiera el mismo nombre para su gato.

Bibliografía

Los títulos enumerados aquí son fuentes de datos científicos, históricos y literarios. La información actual sobre los planetas se despliega en forma de noticias divulgadas en publicaciones científicas y en internet: por ejemplo, las páginas Web de la NASA (<www.nasa.gov>), The Planetary Society (<www.planetary.org>), el Space Telescope Science Institute (<www.stsci.edu>) y el United States Geological Survey (<https://planetarynames.wr.usgs.gov>).

Abrams, M. H., E. Talbot Donaldson, Hallett Smith, Robert M. Adams, Samuel Holt Monk, George H. Ford y David Daiches (eds.), *The Norton Anthology of English Literature*, 2 vols., Nueva York, Norton, 1962.

Ackerman, Diane, *The Planets: A Cosmic Pastoral*, Nueva York, William Morrow, 1976.

Albers, Henry (ed.), *Maria Mitchell: A Life in Journals and Letters*, Clinton Corners, N.Y. College Avenue Press, 2001.

Andrewes, William J. H. (ed.), *The Quest for Longitude*, Cambridge, Mass., Collection of Historical Scientific Instruments (Harvard University Press), 1996.

Asimov, Isaac, *Asimovs Biographical Encyclopedia of Science and Technology*, Nueva York, Doubleday, 1972. [*Enci-*

clopedia biográfica de ciencia y tecnología, Alianza Editorial, 1987, trad. de Consuelo Varela Ortega.]

Aveni, Anthony, *Conversing with the Planets*, Nueva York, Times Books, 1992.

Barnett, Lincoln, *The Universe and Dr. Einstein*, 2.ª ed. revisada, Nueva York, William Morrow, 1957.

Beatty, J. Kelly, Carolyn Collins Petersen y Andrew Chaikin (eds.), *The New Solar System*, 4.ª edición, Cambridge, Mass., Sky Publishing, y Cambridge, Inglaterra: Cambridge University Press, 1999.

Bedini, Silvio A., Wernher Von Braun y Fred L. Whipple, *Moon: Mans Greatest Adventure*, Nueva York, Abrams, 1970.

Bennett, Jeffrey, Megan Donahue, Nicholas Schneider y Mark Voit, *The Cosmic Perspective*, 3.ª ed., San Francisco, Pearson/Addison Wesley, 2004.

Benson, Michael, *Beyond: Visions of the Interplanetary Probes*, Nueva York, Abrams, 2003. [*Más allá: la visión de las ondas interplanetarias*, Art Blume, 2003, trad. de María Dulcinea Otero Piñeiro.]

Boyce, Joseph M., *The Smithsonian Book of Mars*, Washington D. C., y Londres, Smithsonian Institution, 2002.

Bradbury, Ray, *The Martian Chronicles*, Nueva York, Doubleday, 1950. [*Crónicas marcianas*, Minotauro, 1992, trad. de Francisco Abelenda.]

Breuton, Diana, *Many Moons*, Nueva York, Prentice Hall, 1991.

Brian, Denis, *Einstein: A Life*, Nueva York, John Willey & Sons, 1996. [*Einstein*, Acento Editorial, 2004.]

Burroughs, Edgar Rice, *The Gods of Mars*, Nueva York, Grosser & Dunlap, 1918. [*Dioses de Marte*, Río Henares Producciones Gráficas, 2001, trad. de Román Goicoechea Luna.]

CAIDIN, Martin, Jay BARBREE y Susan WRIGHT, *Destination Mars*, Nueva York, Penguin Studio, 1997.

CALASSO, Roberto, *Las bodas de Cadmo y Harmonía*, Anagrama, 1994, trad. de Joaquín Jordá.

CASHFORD, Jules, *The Moon: Myth and Image*, Nueva York, Four Walls Eight Windows, 2003. [*El mito de la diosa: evolución de una imagen*, Ediciones Siruela, 2005, trad. de Andrés Piquer.]

CASPAR, Max, *Kepler*, Acento Editorial, 2003.

CHAIKIN, Andrew, *A Man on the Moon*, Nueva York, Viking, 1994.

CHAPMAN, Clark R., *Planets of Rock and Ice*, Nueva York, Scribner's, 1982.

CHERRINGTON, Ernest H., Jr. *Exploring the Moon through Binoculars*, Nueva York, McGraw Hill, 1969.

CLARK, Ronald W., *Einstein: The Life and Times*, Nueva York, World, 1971.

COLÓN, Cristóbal, *Diario de a bordo*, ediciones de Globus Comunicación, 1994, Anaya, 1992, Editorial Casariego, 1991, Guías Océano, 1992, Agencia Española de Cooperación Internacional, 1972, y otras muchas.

COOPER, Henry S. E., *The Evening Star: Venus Observed*, Nueva York, Farrar, Strauss y Giroux, 1993.

DARWIN, Charles, *Voyage of the* Beagle, Janet Browne y Michael Neve (eds.), Nueva York, Penguin, 1989. [Numerosas ediciones en castellano.]

DOEL, Ronald E., *Solar System Astronomy in America: Communities, Patronage and Interdisciplinary Science, 1920-1960*, Cambridge, Cambridge University Press, 1996.

ELLIOTT, James, y Richard KERR, *Rings: Discoveries from Galileo to Voyager*, Cambridge, Mass., MIT Press, 1984.

FINLEY, Robert, *The Accidental Indies*, Montreal, McGill-

Queens University Press, 2000. [*Las Indias accidentales*, Barataria, 2002, trad. de J. A. Bravo.]

GALILEI, Galileo, *Sidereus Nuncius or The Sidereal Messenger*. [*El mensaje y el mensajero sideral*, Alianza Editorial, 1990, trad, de Carlos Solis.]

GINGERICH, Owen, *The Eye of Heaven: Ptolemy, Copernicus, Kepler*, Nueva York, American Institute of Physics, 1993.

—, *The Great Copernicus Chase and Other Adventures in Astronomical History*, Cambridge, Mass., Sky Publishing, 1992.

GOLUB, Leon, y Jay M. PASACHOFF, *Nearest Star: The Surprising Science of Our Sun*, Cambridge, Mass., Harvard University Press, 2001.

GRINSPOON, David Harry, *Venus Revealed*, Reading, Mass., Addison-Wesley, 1996.

GROSSER, Morton, *The Discovery of Neptune*, Nueva York, Dover, 1979.

HAMILTON, Edith, *Mythology*, Boston, Little Brown, 1940. [*Mitologia*, Daimo, Manuel Tamayo, 1984, trad. de Valentín Conejero Ciriza.]

HANBURY-TENISON, Robin, *The Oxford Book of Exploration*, Oxford, Oxford University Press, 1993.

HANLON, Michael, *The Worlds of Galileo: The Inside Story of NASA's Mission to Jupiter*, Nueva York, St. Martin's, 2001.

HARLAND, David M., *Jupiter Odyssey: The Story of NASA's Galileo Mission*, Chichester, u Springer/Praxis, 2000.

HARTMANN, William K., *A Traveller's Guide to Mars*, Nueva York, Workman, 2003.

HEATH, Robin, *Sun, Moon & Earth*, Nueva York, Walker, 1999. [*El Sol, la Luna y la Tierra*, Ediciones Oniro, 2004.]

HERBERT, Frank, *Dune*, Radnor, Penn., Chilton, 1965.

[*Dune. Casa capitular*, Plaza & Janes, 2001, trad. de Domingo Santos.]

Herschel, M. C., *Memoir and Correspondence of Caroline Herschel*, Nueva York, Appleton, 1876.

Holst, Imogen, *Gustav Holst: A Biography*, Londres, Oxford University Press, 1938 y 1969.

—, *The Music of Gustav Holst*, Londres, Oxford University Press, 1951.

Howell, Alice O., *Jungian Symbolism in Astrology*, Wheaton, Ill., Theosophical Publishing House, 1987.

Isacoff, Stuart, *Temperament: How Music Became a Battleground for the Great Minds of Western Civilization*, Nueva York, Random House, 2001.

Johnson, Donald S., *Phantom Islands of the Atlantic: The Legends of Seven Lands That Never Were*, Nueva York, Walker, 1996.

Jones, Marc Edmund, *Astrology: How and Why It Works*, Baltimore, Pelican, 1971.

Kline, Naomi Reed, *Maps of Medieval Thought*, Woodbridge, Inglaterra, Boydell, 2001.

kluger, Jeffrey, *Journey Beyond Selene*, Nueva York, Simon & Schuster, 1999.

Krupp, E. C., *Beyond the Blue Horizon*, Nueva York, HarperCollins, 1991.

Lachiéze-Rey, Marc, y Jean-Pierre Luminet, *Celestial Treasury*, trad. de Joe Laredo, Cambridge, Cambridge University Press, 2001.

Lathem, Edward Connery (ed.), *The Poetry of Robert Frost*, Nueva York, Henry Holt, 1979.

Levy, David H., *Clyde Tombaugh: Discoverer of Planet Pluto*, Tucson, University of Arizona Press, 1991.

—, *Comets: Creators and Destroyers*, Nueva York, Simon & Schuster, 1998.

LEWIS, C. S., *Poems*, Nueva York, Harcourt Brace, 1964.
LIGHT, Michael, *Full Moon*, Nueva York, Knopf, 1999. [*Luna llena*, Lungweg Editores.]
LOWELL, Percival, *Mars*, Londres, Longmans, Green, 1896. (Elibron Classics Replica Edition.)
MAILER, Norman, *Of a Fire on the Moon*, Boston, Little Brown, 1969.
MAOR, Eli, *June 8, 2004: Venus in Transit*, Princeton, Princeton University Press, 2000.
MILLER, Anistatia R., y Jared M. BROWN, *The Complete Astrological Handbook for the Twenty-first Century*, Nueva York, Schocken, 1999.
MINER, Ellis D., y Randii R. WESSEN, *Neptune: The Planet, Rings and Satellites*, Chichester, Reino Unido, Springer-Praxis, 2001.
MORTON, Oliver, *Mapping Mars*, Londres, Fourth Estate, 2002.
OBREGÓN, Mauricio, *Beyond the Edge of the Sea*, Nueva York, Random House, 2001.
OTTEWELL, Guy, *The Thousand-Yard Model of The Earth as a Peppercorn*, Greenville, S.C., Astronomical Workshop, 1989.
PANEK, Richard, *Seeing and Believing: How the Telescope Opened Our Eyes and Minds to the Heavens*, Nueva York, Viking, 1998.
PEEBLES, Curtis, *Asteroids: A History*, Washington, D. C., Smithsonian Institution, 2000.
PRICE, A. Grenfell (ed.), *The Explorations of Captain James Cook in the Pacific as Told by Selections of his Own Journals 1768-1779*, Nueva York, Dover, 1971.
PROCTOR, Mary, *Romance of the Planets*, Nueva York, Harper, 1929.
PUTNAM, William Lowell, *The Explorers of Mars Hill*, West Kennebunk, Me., Phoenix, 1994.

RUDHYAR, Dane, *The Astrology of Personality*, Santa Fe, Aurora, 1991.

SAGAN, Carl, *The Cosmic Conection: An Extraterrestrial Perspective*, Nueva York, Anchor, 1973. [*La conexión cósmica*, Plaza & Janés Editores, 1990, trad. de Jaime Pineiro.]

—, *Pale Blue Dot: A Vision of the Human Future in Space*, Nueva York, Random House, 1994. [*Un punto azul pálido: una visión del futuro humano en el espacio*, Editorial Planeta, 2006, trad. de Marina Widmer Caminal.]

SCHAAF, Fred, *The Starry Room: Naked Eye Astronomy in the Intimate Universe*, Nueva York, John Wiley & Sons, 1988.

SCHWAB, Gustav, *Gods and Heroes of Ancient Greece*, Nueva York, Pantheon, 1946. [*Dioses y héroes de la Grecia antigua*, Editorial Juventud, 2000, trad. de Francisco Payarols.]

SHEEHAN, William, *Planets and Perception*, Tucson, University of Arizona Press, 1988.

—, *Worlds in the Sky: Planetary Discovery from Earliest Times through Voyager and Magellan*, Tucson, University of Arizona Press, 1992.

—, y Thomas A. DOBBINS, *Epic Moon*, Richmond, Va., Willmann-Bell, 2001.

STANDAGE, Tom, *The Neptune File*, Nueva York, Walker, 2000.

STERN, S. Alan, *Our Worlds*, Cambridge, Cambridge University Press, 1999.

—, *Worlds Beyond*, Cambridge, Cambridge University Press, 2002.

—, y Jacqueline MLTTON, *Pluto and Charon: Ice Worlds on the Ragged Edge of the Solar System*, Nueva York, John Wiley & Sons, 1999.

STRAUSS, David, *Percival Lowell: The Culture and Science of a Boston Brahmin*, Cambridge, Mass., Harvard University Press, 2001.

Strom, Robert G., *Mercury: The Elusive Planet*, Washington y Londres, Smithsonian Institution, 1987.

Thrower, Norman J. W. (ed.), *The Three Voyages of Edmond Halley in the* Paramore *1698-1701*, Londres, Hakluyt Society, 1981.

Tolomeo, Claudio, *Almagesto*, Universidad de Valencia, Servicio de publicaciones, 1992.

—, *Geography*, traducido por J. Lennart Berggren y Alexander Jones, Princeton, Princeton University Press, 2000.

Tombaugh, Clyde W., y Patrick Moore, *Out of the Darkness: The Planet Pluto*, Harrisburg, Pa., Stackpole, 1980.

Tyson, Neil de Grasse, Charles Liu y Robert Irion, eds., *One Universe*, Washington, D. C., Joseph Henry Press, 2000.

Van Helden, Albert, *Measuring the Universe*, Chicago, University Press of Chicago, 1985.

Walker, Christopher (ed.), *Astronomy Before the Telescope*, Londres, British Museum, 1996.

Weissman, Paul R., Lucy-Ann McFadden y Torrence V. Johnson (eds.), *Encyclopedia of the Solar System*, San Diego, Academic Press, 1999.

Wells, H. G., *The War of Worlds*, Londres, William Heinemann, 1898. [*La guerra de los mundos*, numerosas versiones en castellano.]

Whitaker, Ewen A., *Mapping and Naming the Moon*, Cambridge, Cambridge University Press, 1999.

Whitfield, Peter, *Astrology: A History*, Nueva York, Abrams, 2001.

Wllford, John Noble, *Mars Beckons*, Nueva York, Knopf, 1990.

Williams, J. E. D., *From Sails to Satellites: The Origin and Development of Navigational Science*, Oxford, Inglaterra, Oxford University Press, 1992.

Wolter, John A., y Ronald E. Grim (eds.), *Images of the World: The Atlas Through History*, Washington, D. C., Library of Congress, 1997.

Wood, Charles A., *The Modern Moon: A Personal View*, Cambridge, Mass., Sky Publishing, 2003.

Zubrin, Robert, y Richard Wagner, *The Case for Mars*, Nueva York, Free Press, 1996.

Índice analítico